Schnelleinstieg

TI-30X Plus MathPrint™
TI-30X Pro MathPrint™

Klasse 7 bis zum Abitur

Anwendungsaufgaben
und Beispiele

Vorwort / Hinweise zur Arbeit mit diesem Buch

TEXAS INSTRUMENTS ist ein eingetragenes Warenzeichen.

Wie wird mit diesem Buch gearbeitet?

Dieses Buch soll einen Schnelleinstieg in die Arbeit mit dem Taschenrechnern **TI-30X Plus MathPrint™** und **TI-30X Pro MathPrint™** ermöglichen. Es ersetzt nicht die Bedienungsanleitung von TEXAS INSTRUMENTS, die auf der entsprechenden Homepage heruntergeladen werden kann.
Durch Beispiele und Übungsaufgaben werden dir die Themen vorgestellt, die für die Schule und den Unterricht relevant sind.

Der Aufbau des Buches

In dem Buch zum **TI-30X Plus MathPrint™** und **TI-30X Pro MathPrint™** gibt es mehrere Kapitel, welche durch Unterkapitel gegliedert sind.

Angefangen mit der Allgemeinen Bedienung bis hin zu Themen wie Terme, Funktionen und vieles mehr. Zu Beginn jedes Kapitels wird dir kurz erläutert, worum es sich bei diesem Kapitel handelt. Anschließend werden dir Beispiele gezeigt und auch die dazugehörige Eingabe in den Taschenrechner, anhand der Symbole der Taschenrechnertastatur.

Du findest am Ende einiger Kapitel Übungsaufgaben, sofern es sich um Aufgabenbereiche handelt, bei denen einfach gerechnet werden kann. Die Lösungen findest du ab Seite 89 im Buch.

Learning by Doing, du kannst dich direkt nach einem gelesenen Kapitel selbst testen und es ausprobieren. Du findest auch Abituraufgaben, an denen du dich testen kannst. Die Lösungen dazu findest du online. Viel Spaß!

Haftungsausschluss

Dieses Buch wurde nach bestem Wissen zusammengestellt. Deshalb können Autor und Herausgeber des Buches keinerlei Haftung für Druckfehler oder eventuell fehlerhaft wiedergegebene Inhalte übernehmen.

Inhaltsverzeichnis

1 Einführung

Die beiden Rechner **TI-30X Plus MathPrint™** und **TI-30X Pro MathPrint™** von Texas Instruments sind die Nachfolger der langjährig erfolgreichen Modelle **TI-30X Plus multiview™** und **TI-30X Pro multiview™**.

Vor allem das Display und das Gehäuse wurden überarbeitet und präsentieren sich in einer neuen Form. Eine Auswahl an Funktionen wollen wir in diesem Heft erkunden und beschreiben.

Dieses Heft ersetzt nicht die Bedienungsanleitung von Texas Instruments, die auf der TI-Homepage (https://education.ti.com) herunter geladen werden kann.

Dieses Heft wurde nach bestem Wissen zusammengestellt. Trotzdem können Autor und Herausgeber des Buches keinerlei Haftung für Druckfehler oder eventuell fehlerhaft wiedergegebene Inhalte übernehmen.

1.1 Software zur Emulation der Rechner an einem Bildschirm

Mit der einfach zu bedienenden Emulator Software **TI-SmartView™** lassen sich mathematische und wissenschaftliche Konzepte im Unterricht auf ansprechende Weise vermitteln.

Die Emulator Software ist die ideale Ergänzung für die wissenschaftlichen Taschenrechner **TI-30X Pro MathPrint™** und **TI-30X Plus MathPrint™** vor allem für Lehrpersonen.

Auf der Homepage von Texas Instruments (https://education.ti.com) oder bei Ihrem Taschenrechner Händler erhalten Sie weitere Informationen über die **TI-SmartView™** Emulator Software für die **TI-MathPrint™** Schulrechner.

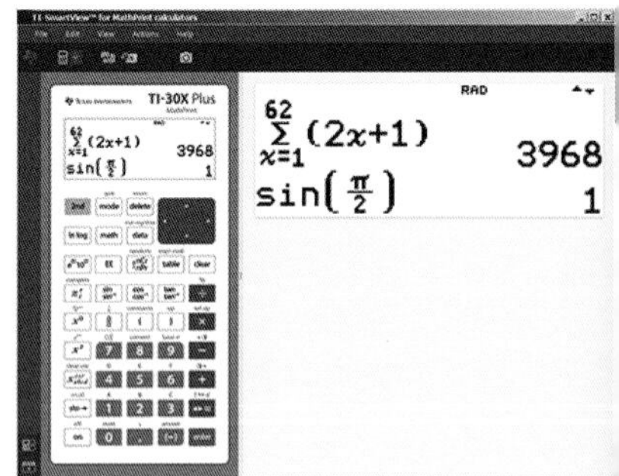

1.2 Gegenüberstellung: Unterschiede der beiden Rechner

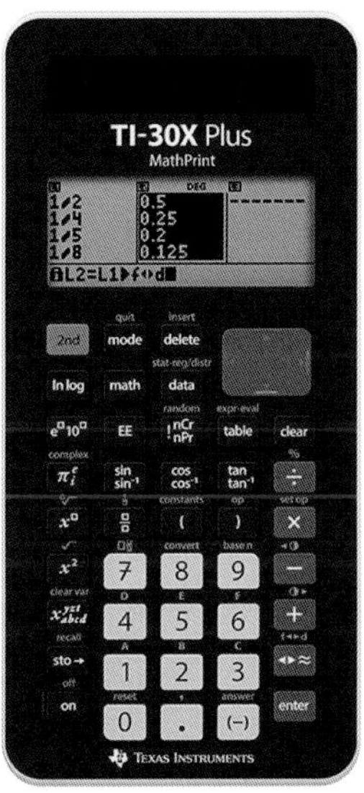

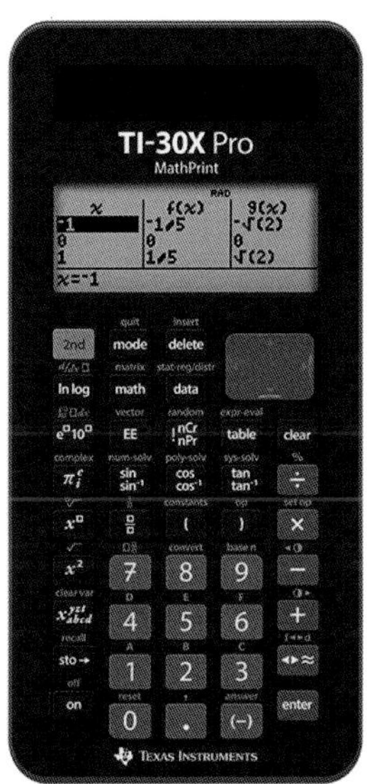

Die beiden Rechner **TI-30X Pro MathPrint™** und **TI-30X Plus MathPrint™** unterscheiden sich äußerlich nur wenig. Das Gehäuse des **TI-30X Plus** ist graublau und das Gehäuse des **TI-30X Pro** ist dunkelgrau.

Nur im oberen Bereich des Tastaturfeldes erkennt man beim **TI-30X Pro** eine weitere Belegung von Tasten durch einen hellblauen Text, der beim **TI-30X Plus** fehlt. Von links nach rechts sind die folgenden Funktionen beim **TI-30X Pro MathPrint** hinzugefügt, die man über die **2nd-Taste** erreicht:

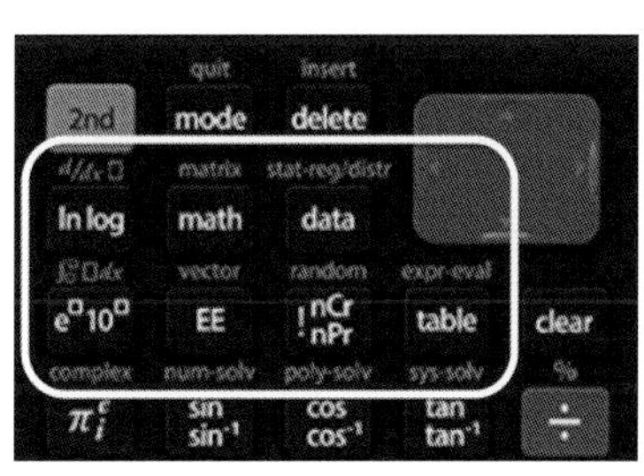

d/dx Berechnung der Ableitung einer Funktion an einer Stelle x_0.

matrix Rechnen mit Matrizen

$\int \quad dx$ Berechnung von Integralen

vector Rechnen mit Vektoren

num-solv Numerische Lösung von Gleichungen

poly-solv Lösung von quadratischen und kubischen Gleichungen

sys-solv Lösung von Gleichungssystemen mit 2 oder 3 Unbekannten

1.3 Allgemeine Bedienelemente und die wichtigsten Tasten

Die wichtigsten Tasten für den Start

(Beispielhaft für den **TI-30X Plus MathPrint™**)

Navigation

Pfeiltasten und

Bewegen im Display

2nd Taste

Hellblaue

Tastenbelegung

Einschalten: on

Ausschalten: **2nd off**

1.4 Doppel- und Mehrfachbelegung von Tasten

Die Rechner **TI-30X Plus MathPrint™** und **TI-30X Pro MathPrint™** bieten eine Vielzahl an Funktionen, die nur durch eine Mehrfachbelegung der Tasten möglich wird. Hierbei unterscheiden wir:

1. Doppelbelegung durch vorheriges Drücken der 2nd Taste

In diesem Fall befindet sich ein hellblauer Text über der Taste.

Beispiele:

2nd x^2			
	Taste:	x^2	Quadrat einer Zahl
	2nd Taste:	$\sqrt{}$	Wurzel einer Zahl

2. Direkte Doppel- und Dreifachbelegung auf der Taste

Auf den Tasten befinden sich mehrere Funktionen, die durch mehrmaliges Drücken ausgewählt werden.

Beispiele:

num-solv: sin / $\sin^{-1}$ — poly-solv: cos / $\cos^{-1}$		
	Taste 1x gedrückt:	Sinus- oder Kosinuswert
	Taste 2x gedrückt:	Winkel zu bekanntem Sinus oder Kosinus (Invers Sinus, Invers Kosinus)

In diesem Beispiel liegt eine zusätzliche **2nd** - Belegung vor:

num-solv und **poly-solv.**

---

complex: π_i^e		
	Taste 1x gedrückt:	Zahl **Pi** wird eingefügt
	Taste 2x gedrückt:	Zahl **e** wird eingefügt
	Taste 3x gedrückt:	**i** für komplexe Zahlen

In diesem Beispiel liegt eine zusätzliche **2nd** - Belegung vor: **complex.**

1.5 Übungen – Allgemeine Einstellungen

1. Gib die folgenden Zahlen ein und korrigiere die angegebenen Stellen! (**Schließe die erste Eingabe NICHT mit „=“ ab!**)

	Eingabe	korrigierter Wert
a)	$667789:9$	$66789:9$
b)	$sin(39)$	$sin(30)$
c)	$\sqrt{125}$	$\sqrt{121}$

2. Führe die folgenden Rechnungen genau in den angegebenen Schritten durch!

   a) Berechne das Produkt aus 7 und 5.
   Subtrahiere 5 vom vorherigen Ergebnis.
   Teile das neue Ergebnis durch 10.
   Bilde das Quadrat vom letzten Ergebnis.

   Wie lautet die erhaltene Zahl?

   b) Berechne 3 hoch 7.
   Teile das Ergebnis durch 9.
   Subtrahiere 3 vom neuen Ergebnis.
   Addiere 16 zur neuen Zahl.
   Bilde die 4. Wurzel vom Ergebnis.

   Wie lautet die erhaltene Zahl?

Lösungen zu diesen Aufgaben auf Seite 89

2 Grundlegende Eingaben und Rechnungen

Allgemeine Berechnungen werden im Berechnungsfenster durchgeführt. Dieses erscheint standardmäßig beim Einschalten des Rechners.

Mit **2nd quit** [2nd] [mode] gelangt man immer wieder in ein leeres Berechnungsfenster.

Eingaben und Berechnungen werden mit der Taste [enter] abgeschlossen.

Mit den Pfeiltasten des Navigationsbereichs kann man sich in den Rechenausdrücken oder Menüs bewegen.

Mit der Taste 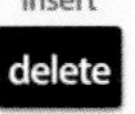 löscht man das Zeichen links von der aktuellen Position.

Mit der Taste  löscht man die komplette Eingabe.

2.1 Der Antwortspeicher

Wir rechnen $100:50 = 2$.

```
                 DEG
100/50                      2
```

Jetzt drücken wir einfach +10,
es erscheint: **ans+10**.
Aus dem Antwortspeicher wird das Ergebnis der vorherigen Rechnung (2) genommen und 10 wird addiert:

```
                 DEG
100/50                      2
ans+10                     12
```

$2 + 10 = 12$.

2.2 Einstellungen/Setup

Über die mode-Taste rechts oben auf der Tastatur gelangen wir zu den allgemeinen Einstellungen des Rechners. Die Pfeiltaste rechts unten in diesem Fenster zeigt uns an, dass weitere Optionen vorhanden sind. Durch Drücken der Pfeiltaste nach unten gelangen wir zu diesen Punkten.

quit
mode

2.2.1 Winkelmaße: DEGREE, RADIAN, GRADIAN

Im Unterricht ist in der Geometrie sowie Trigonometrie beim Rechnen mit Winkeln und Winkelfunktionen die Einstellung des **Winkelmaßes** wichtig.

DEGREE - Gradmaß
für Winkelberechnungen im bekannten 0° - 360° Maß

RADIAN – Bogenmaß

$360° = 2\pi,\ 180° = \pi,\ 90° = \frac{\pi}{2}$ usw.

GRADIAN - Geodätisches Winkelmaß, benötigen wir nicht!

2.2.2 Anzeige der Ergebnisse: NORMAL, SCI, ENG

NORMAL: Standard Darstellung der Ergebnisse.

$$15:30 = \frac{1}{2} = 0{,}5 = 5 \cdot 10^{-1}$$

Mit der Umschalttaste können wir zwischen **Dezimal- und Bruchdarstellung** wechseln.

f◄►d
◄►≈

DEG
15/30 0.5
0.5◄► 1/2

SCI: Die wissenschaftliche Darstellung in der Zehnerpotenzschreibweise.

$$15:30 = \frac{1}{2} = 0{,}5 = 5 \cdot 10^{-1}$$

```
SCI    DEG
15/30          5E-1
```

Dieser Modus wird in der oberen Zeile bei Auswahl angezeigt.

ENG: In diesem Modus wird das Ergebnis immer in 1000er Schritten als Zehnerpotenz angezeigt, siehe Bild rechts. Diese Anzeige ist in der Schule nicht verbreitet.

```
ENG DEG
15/30          500E-3
15/300000       50E-6
15/3              5E0
15/0.003          5E3
```

2.2.3 Fließkomma Anzeige, Anzahl der Stellen: FLOAT

FLOAT: Mit der Pfeiltaste nach Rechts kann man die Anzahl der angezeigten Stellen hinter dem Komma festlegen.

$$1:3 = \frac{1}{3} = 0{,}33333333 \ldots.$$

Bei der Festlegung auf 3 Stellen und auf 5 Stellen siehe Bild.

In der oberen Zeile wird der gewählte Modus **FIX** angezeigt!

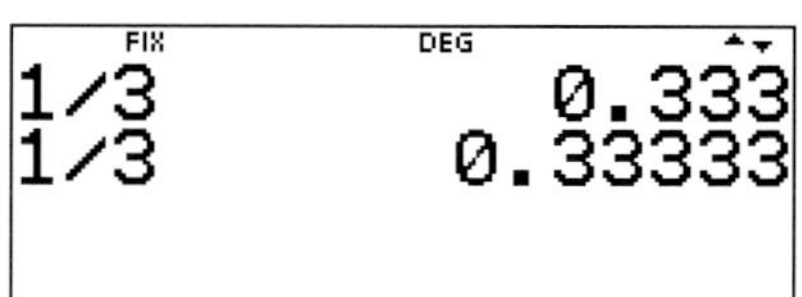

2.3 Primfaktorzerlegung, ggT und kgV

Diese Funktionen verbergen sich hinter der **math**-Taste math .

2.3.1 Primfaktorzerlegung

Die Zahl 3465 kann in folgende Faktoren zerlegt werden:

$3465 = 3 \cdot 3 \cdot 5 \cdot 7 \cdot 11$.

Wir geben zuerst die Zahl ein:

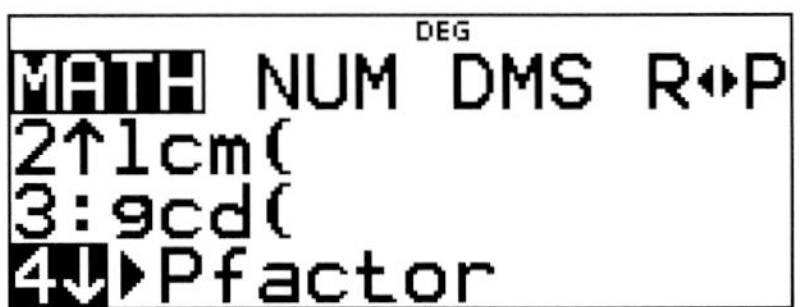

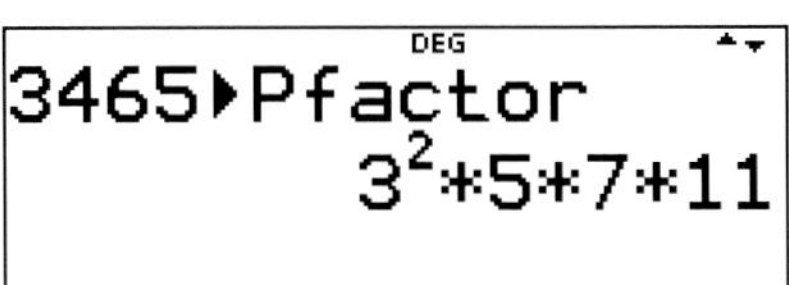

Hierbei steht 3^2 für $3 \cdot 3$, doppelt vorkommende Faktoren werden als Potenz ausgegeben!

2.3.2 ggT: Größter gemeinsamer Teiler

ggT wird im math-Menü mit **gcd** abgekürzt und ist auch über die Taste **3** direkt aufrufbar!

ggT (120,320) = 40

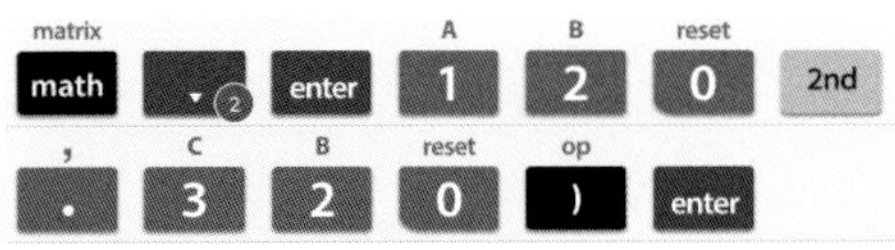

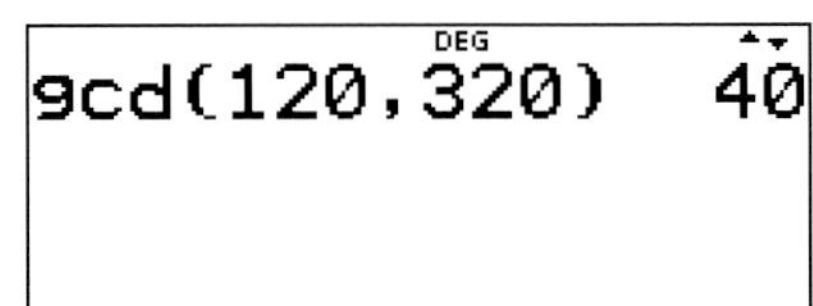

Beachte! Das **Komma** als Trennzeichen zwischen den beiden Zahlen erhält man über die Tastenkombination 2nd .

Achtung: Es kann **NUR** der ggT **von zwei Zahlen** berechnet werden!

2.3.3 kgV: Kleinstes gemeinsames Vielfaches

kgV wird im math-Menü mit **lcm** abgekürzt und ist über die Taste **2** erreichbar.

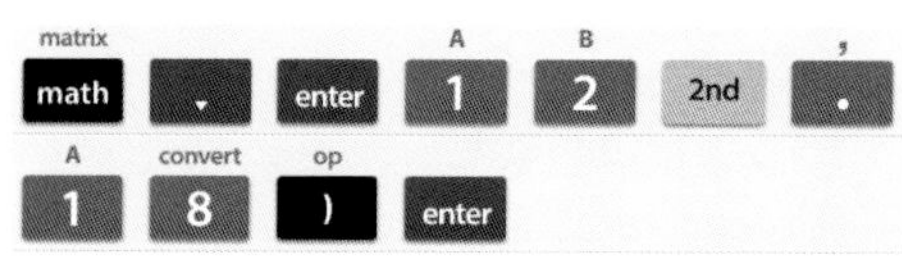

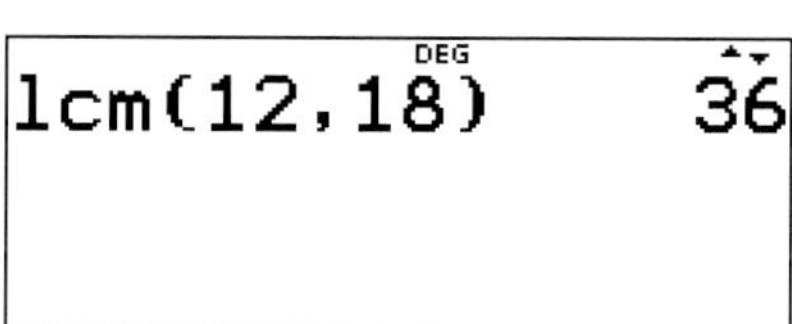

kgV(12,18) = 36

Beachte! Das **Komma** als Trennzeichen zwischen den beiden Zahlen erhält man über die Tastenkombination 2nd , .

Achtung: Es kann **NUR** das kgV **von zwei Zahlen** berechnet werden!

2.3.4 Übungen Primfaktorzerlegung, ggT, kgV

1. Zerlege die folgenden Zahlen in Primfaktoren!
   a) 60 b) 2499 c) 72675
2. Finde den größten gemeinsamen Teiler der folgenden Zahlenpaare!
   a) (250; 400) b) (8100; 8700) c) (11025; 11100)
3. Finde das kleinste gemeinsame Vielfache der folgenden Zahlenpaare!
   a) (14; 18) b) (30;50) c) (215; 225)

Lösungen zu diesen Aufgaben auf Seite 90

2.4 Runden und Teilen mit Rest

2.4.1 Runden: Eine Zahl auf bestimmte Stellenanzahl runden

Die Funktion zum Runden einer bestimmten Anzahl Stellen hinter dem Komma befindet sich im **math-Menü: 2: round(** .

Runde 3,14159 auf 2 Stellen!

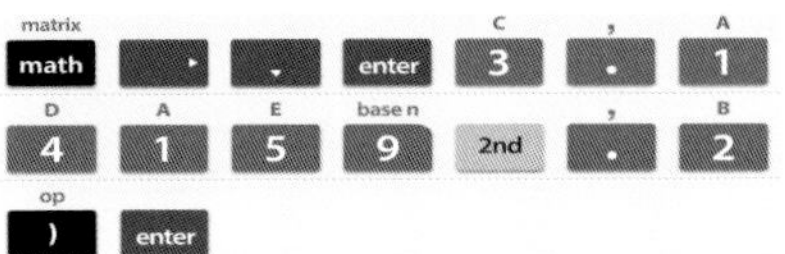

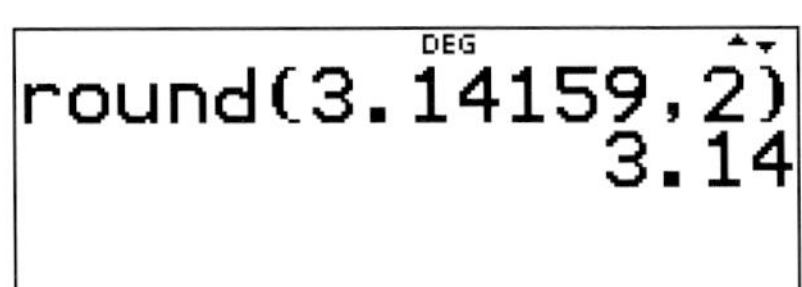

Beachte! Das **Komma** als Trennzeichen zwischen den beiden Zahlen erhält man über die Tastenkombination 2nd . .

2.4.2 Teilen mit Rest

Eine Division mit Rest, die als Ergebnis gleichzeitig den ganzzahligen Teil und den Rest ausgibt, existiert nicht. Man findet im **math-Menü** die Funktionen

5:int für den ganzzahligen Anteil einer Rechenoperation.

8:mod für den Rest einer ganzzahligen Division.

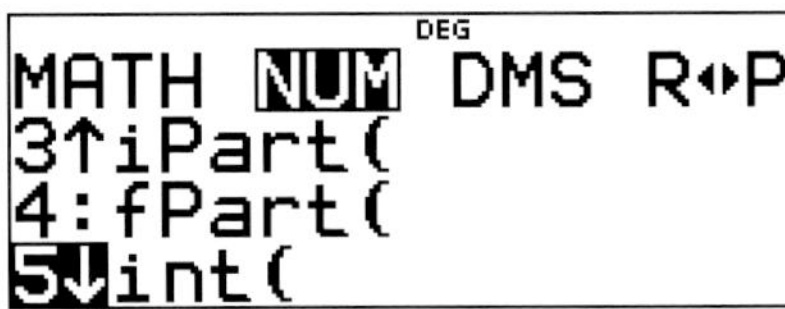

Das ganzzahlige Ergebnis einer Rechenoperation erhält man, indem man die Funktion **int** aufruft.

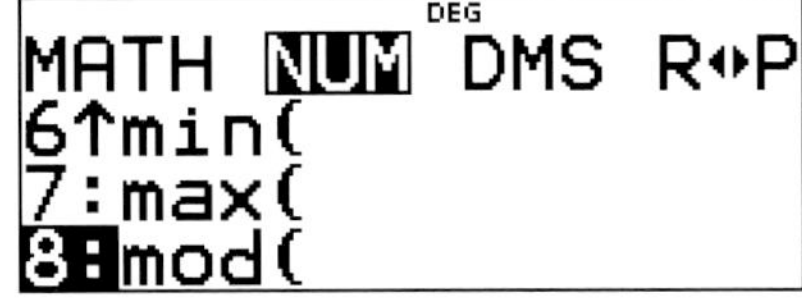

Den Rest einer Division erhält man, indem man die Funktion **mod** aufruft und Dividend und Divisor mit Komma getrennt eingibt.

$14:3 = 4{,}6666667$
$int(14:3) = 4$

$14:3 = 4{,}6666667$
$mod(14:3) = 2$

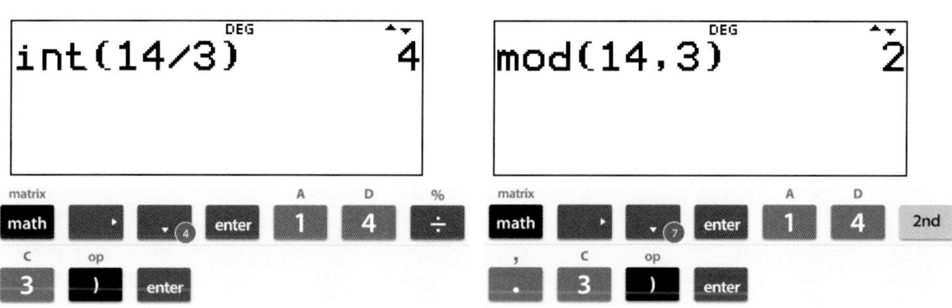

2.4.3 Übungen Teilen mit Rest

1. Führe eine ganzzahlige Division durch und bestimme den Rest.

   a) $217 : 5$ b) $3277 : 20$ c) $9921 : 17$

Lösungen zu diesen Aufgaben auf Seite 91

2.5 Bruchrechnung

2.5.1 Zahlendarstellung

Das Ergebnis einer Division wird standardmäßig als Dezimalzahl ausgegeben.

Über die Taste [◄►≈] kann das Ergebnis in einen Bruch umgewandelt werden und umgekehrt.

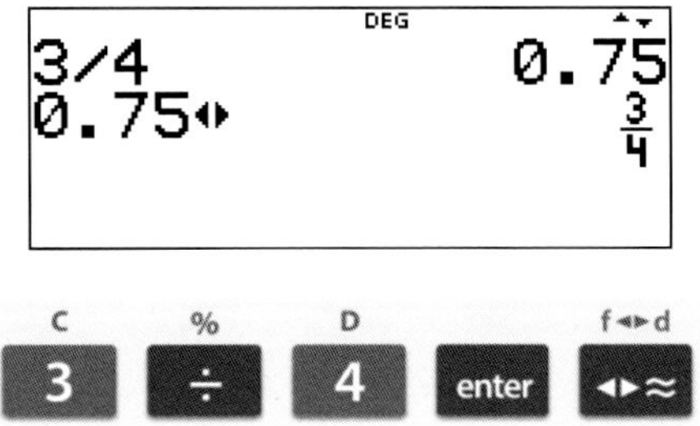

2.5.2 Brüche eingeben

Brüche werden über die Taste [□/□] eingegeben. Verschiedene Aufgabentypen wollen wir hier betrachten.

$$\frac{4+5\cdot 10}{3\cdot 27}=\frac{2}{3}$$

Alternativ können wir einen Bruch auch als Division eingeben. Wir erhalten das Ergebnis als Dezimalbruch, dieses wandeln wir mit der Umwandlungstaste in einen Bruch um:

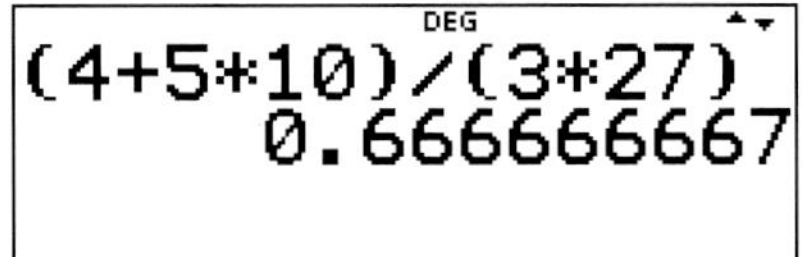

$(4+5\cdot 10):(3\cdot 27)=0{,}666667=\frac{2}{3}$.

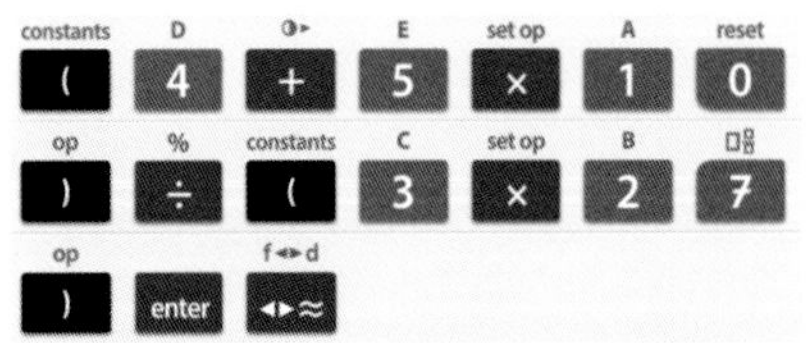

2.5.3 Prozentsatz in Bruchteil umwandeln

$15\,\% = 0{,}15 = \frac{3}{20}$

Das Ergebnis wird zunächst wieder als Dezimalbruch angezeigt und wird anschließend in einen Bruch umgewandelt.

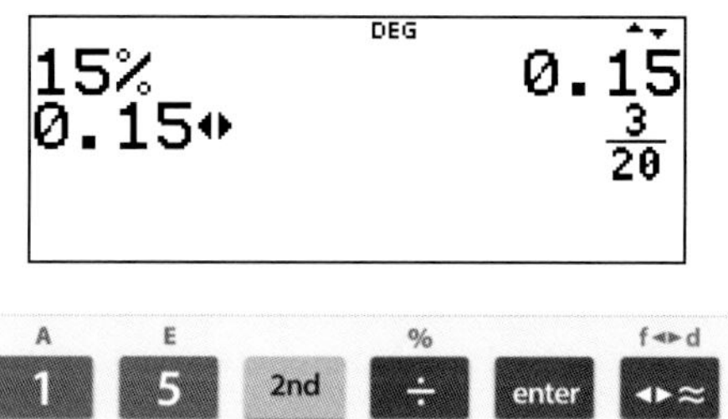

Das **%** Zeichen verbirgt sich über der **Divisions**-Taste (mit **2nd**!)

2.5.4 Doppelbrüche berechnen

$$\frac{\frac{3}{7}+\frac{7}{8}}{5-\frac{7}{2}} = \frac{73}{84}$$

Bei der Eingabe müssen wir beachten, die **Bruch**-Taste an der richtigen Stelle einzusetzen!

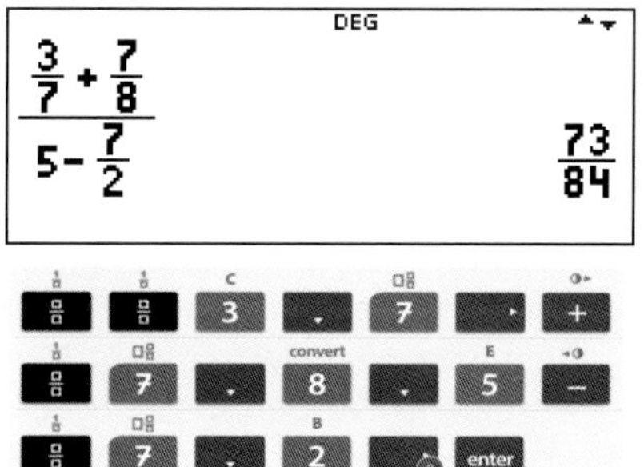

2.5.5 Übungen – Bruchrechnung

1. Berechne

   a) $\frac{1}{2}+\frac{3}{5}+\frac{5}{6}$ b) $\frac{3}{8}-\frac{3}{4}+\frac{5}{2}$ c) $\frac{1}{3}-\frac{2}{9}+\frac{1}{6}$

2. Berechne

   a) $\frac{15}{4}:\frac{5}{2}$ b) $-\frac{18}{10}:0{,}6$ c) $-\frac{28}{10}:\left(-\frac{14}{25}\right)$

3. Berechne

   a) $\dfrac{\frac{3}{8}\cdot\left(\frac{1}{2}-\frac{3}{8}\right)^2}{\frac{1}{24}}$ b) $2-\dfrac{\frac{7}{6}-\frac{2}{3}}{\frac{1}{4}}$

Lösungen zu diesen Aufgaben auf Seite 92

2.6 Zufallszahlen erzeugen

Der Rechner kann Zufallszahlen erzeugen. Die Funktion **random** befindet sich über die **2nd** - Belegung auf der Taste random ! nCr nPr

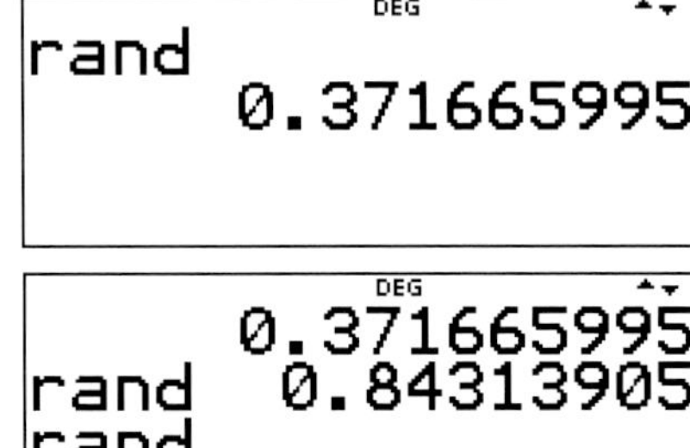

Es wird immer eine Zahl zwischen 0 und 1 ausgegeben. Befindet man sich in dem **random**-Modus, kann man durch weiteres Drücken der **enter**-Taste immer weitere Zufallszahlen erzeugen.

2.6.1 Übungen – Zufallszahlen

1. Bestimme 5 Zufallszahlen zwischen 0 und 1.
2. Bestimme 5 Zufallszahlen eines 6-seitigen Würfels (zwischen 1 und 6).
3. Simuliere das Werfen einer Münze. Die Münze soll 4-mal geworfen werden. Welches Zufallsergebnis liefert der Rechner?

Lösungen zu diesen Aufgaben auf Seite 93

2.7 Die Grundgrößen der Prozentrechnung

In der Prozentrechnung berechnen wir die Größen

- Grundwert : Unsere Basisgröße.
- Prozentwert : Der prozentuale Anteil des Grundwerts.
- Prozentsatz : Die %-Zahl mit der wir rechnen.

Es gelten die bekannten Gesetzmäßigkeiten:

$$P_w = G_w \cdot p\% \qquad G_w = \frac{P_w}{p\%} \qquad p\% = \frac{P_w}{G_w}$$

Wir berechnen beispielhaft Prozentwert, Prozentsatz und Grundwert

Prozentwert:

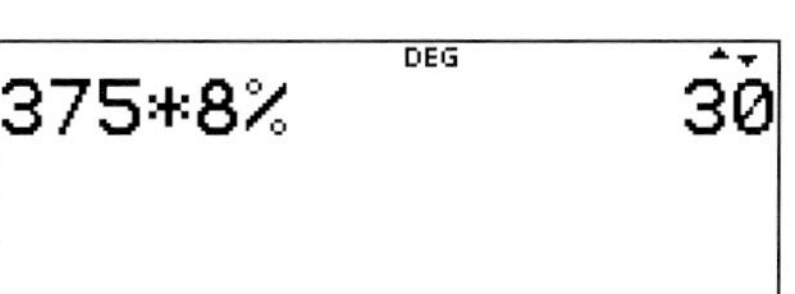

$G_w = 375,\;\; p\% = 8$

$P_w = 375 \cdot 8\,\% = 30$

Prozentsatz:

DEG
15/120 0.125

$G_w = 120,\;\; P_w = 15$

$$p\% = \frac{P_w}{G_w} = \frac{15}{120} = 0{,}125 = 12{,}5\,\%$$

Beachte! Die Ausgabe muss man selbst als Prozentwert umrechnen!

Grundwert:

$P_w = 100, \;\; p\% = 4$

$G_w = \frac{P_w}{p\%} = 2500$

```
DEG
100/4%                2500
```

2.7.1 Übungen – Prozentrechnung

1. Berechne die Anteile!

   a) 7 % von 150 b) 19 % von 299 c) 85 % von 350

2. Berechne den Prozentsatz!

   a) 30 von 200 b) 60 von 3000 c) 299 von 5000

3. Auf die Artikel gibt es 30 % Rabatt. Berechne den neuen Preis!

   a) Shirt 24,95 € b) Hose 89,90 € c) Hemd 129 €

Lösungen zu diesen Aufgaben auf Seite 93

2.8 Wurzeln und Potenzen

2.8.1 Wurzeln

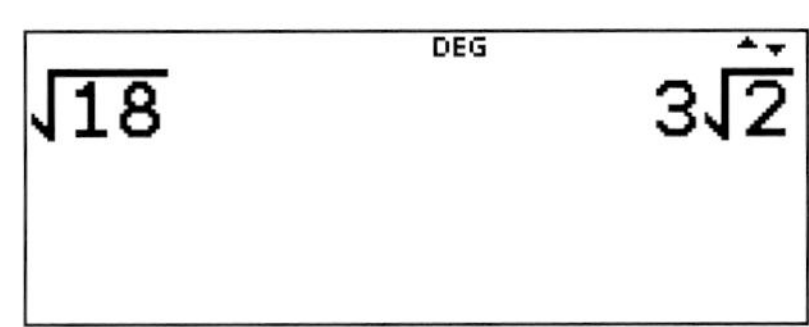

Die Quadratwurzel - diese Funktion ist auf einer eigenen Taste hinterlegt

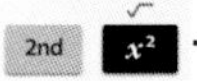

Wir berechnen: $\sqrt{18} = 3\sqrt{2}$

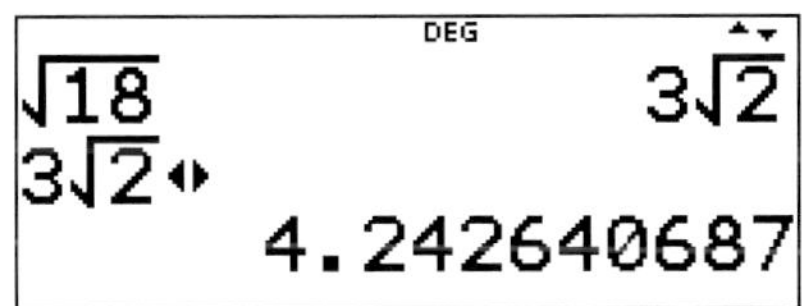

Beachte! Zuerst die **Wurzel**-Taste und erst dann den Wert eingeben!
Der Rechner versucht das Ergebnis als Wurzelterm darzustellen. Für die Dezimaldarstellung drücken wir noch die **Umschalttaste** f◄►d ◄►≈ .

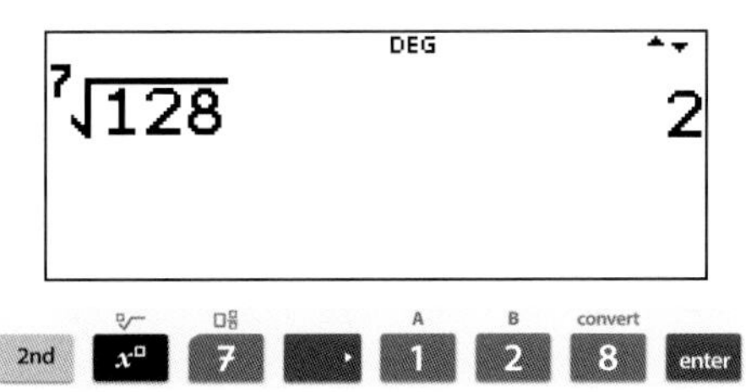

Die n-te Wurzel
Die Taste für die **n-te Wurzel** verbirgt sich hinter der Taste 2nd $x^{\square}$.

Wir berechnen: $\sqrt[7]{128} = 2$.

2.8.2 Potenzen

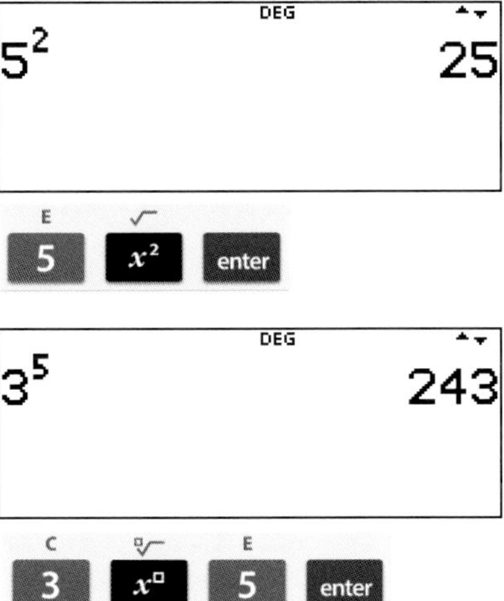

Quadratzahlen
Für x^2 steht eine eigene Taste zur Verfügung. Jeder Aufruf muss immer mit der Taste enter abgeschlossen werden.

Wir berechnen $5^2 = 25$.

Potenzen mit beliebigen Exponenten
Die Taste für x^n befindet sich direkt über der x^2 Taste.

Wir berechnen: $3^5 = 243$.

2.8.3 Übungen – Wurzeln und Potenzen

Berechne!

1. a) $\sqrt{243} \cdot \sqrt{27}$ b) $2 \cdot \sqrt{12} \cdot \sqrt{75}$ c) $\sqrt{120} \cdot \sqrt{3}$

2. a) $\sqrt[3]{27} \cdot \sqrt[5]{32}$ b) $\dfrac{\sqrt{256}}{\sqrt{32}}$ c) $\sqrt[3]{3^9}$

3. a) 3^4 b) 320^3 c) 2^{10} d) 2^{24}

4. a) $3^2 \cdot 4^3 \cdot 5^4 \cdot 6^5$ b) $3^7 : 10^4$ c) $10^6 : 10^{-4}$

Lösungen zu diesen Aufgaben auf Seite 94

2.9 Zahlendarstellung

2.9.1 Zehnerpotenzschreibweise

Große Zahlen werden oder müssen sogar in der Zehnerpotenzschreibweise dargestellt werden.

Interpretation der Anzeige:

$1\,000\,000 : 0{,}0001 =$
$10\,000\,000\,000 = 1 \cdot 10^{10}$

DEG
1000000/0.0001
1E10

In Worten: 1 Million geteilt durch 1 Zehntausendstel ist 10 Milliarden, das sind als Zehnerpotenz 10^{10}.

$5{,}402 \cdot 10^3 = 5402$

Eingabe als Zehnerpotenz:

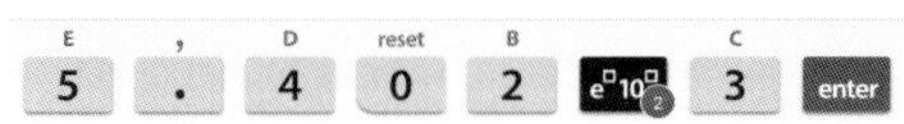

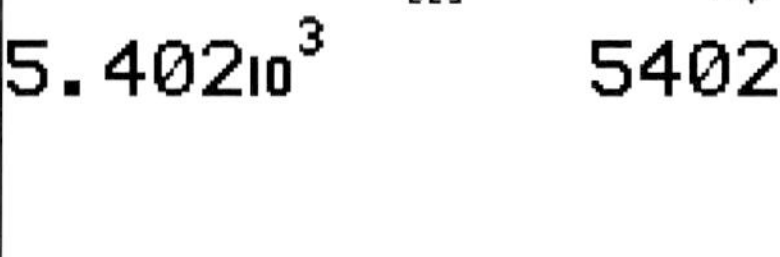

Die Zehnerpotenz gibt man durch zweimaliges Drücken der Taste [e□10□] ein.

2.9.2 Dezimalschreibweise - Bruchdarstellung

Mit der **Umschalttaste** kann man das Ergebnis einer Berechnung zwischen Dezimaldarstellung und Bruchdarstellung (und umgekehrt) wechseln.

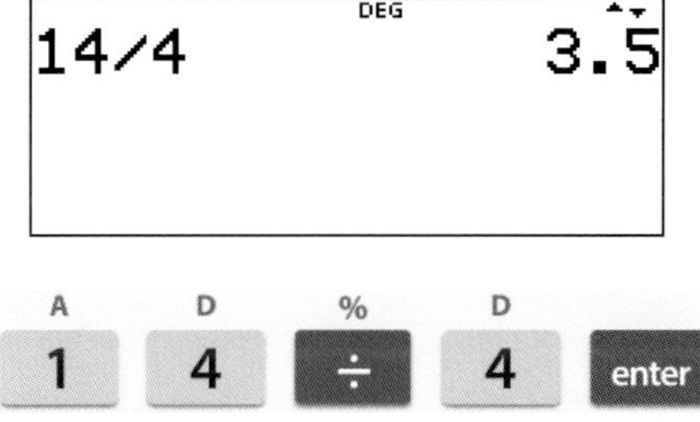

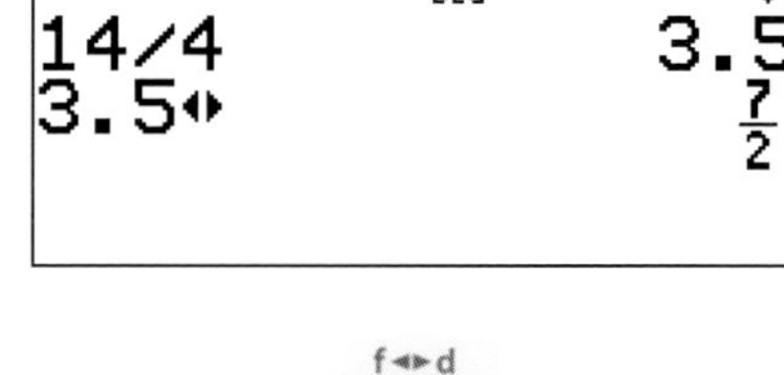

f◂▸d
◂▸≈

2.9.3 Übungen – Zahlendarstellung

1. Berechne als Dezimalzahl.

   a) $\frac{3}{20}$ b) $\frac{3}{8}$ c) $\frac{5}{125}$ d) $\frac{7}{4}$

2. Wandle in einen Bruch um!

   a) 0,375 b) 0,4 c) 0,16 d) 0,28

3. Schreibe in Zehnerpotenzschreibweise.

   a) 3 Tausendstel b) 5 Millionstel

   c) 10 Milliarden d) 150 Millionen

4. Berechne das Ergebnis.

   a) $5{,}784 \cdot 10000 \cdot 2000 \cdot 50000$

   b) $2{,}76 \cdot 10^{23} \cdot 1{,}5 \cdot 10^{-9} \cdot 2700$

   c) $(2{,}5 \cdot 10^{12}) : (50 \cdot 10^{-8})$

Lösungen zu diesen Aufgaben auf Seite 95

2.10 Wertetabelle für Funktionswerte erstellen

Mit dem Rechner können Wertetabellen von zwei Funktionen gleichzeitig erstellt werden. Hierzu wählen wir auf der Tastatur die Taste

.

Wir wählen **1: Add/Edit Func** um die Funktionsterme einzugeben.

DEG
f(x)=
Enter function in x.

Wir geben den Funktionsterm

$$f(x) = x^4 + 2x^2 - 3x + 2$$

ein und schließen die Eingabe mit der Taste **enter** ab. Wir werden aufgefordert, den zweiten Funktionsterm $g(x)$ einzugeben. Wir überspringen diese Option mit einem weiteren Drücken der Taste **enter**.

DEG
f(x)=◂+2x²−3x+2

DEG
g(x)=

Im nächsten Schritt werden die Parameter für die Tabelle abgefragt.

Wir wählen:
Start = -5
Step = 1

Mit der **enter**-Taste schließen wir ab und erhalten die Tabelle, durch die wir mit den Pfeiltasten wandern können.

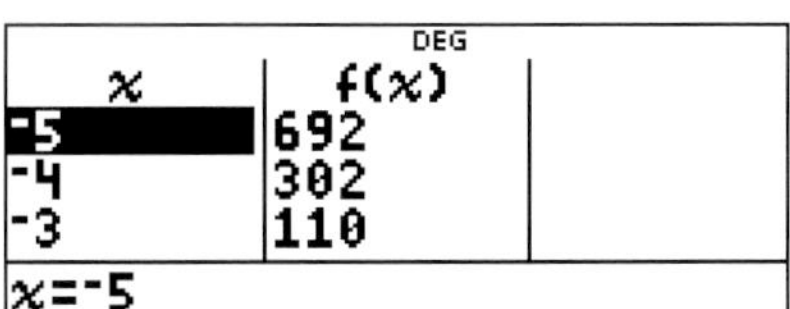

DEG

x	f(x)
0	2
1	2
2	20

x=2

Beachte!
Die Variable x wird mit der Taste x^{yzt}_{abcd} eingegeben.

2.11 Trigonometrie: Sinus, Kosinus, etc.

Wir rechnen im Unterricht mit zwei Winkelmaßen: dem Gradmaß und dem Bogenmaß. Die ersten Berechnungen erfolgen in der Regel im Gradmaß.

2.11.1 Berechnungen im Gradmaß

Über die Taste **mode** stellen wir das Gradmaß ein, indem wir **DEGREE** aktivieren.

Ist das Gradmaß richtig eingestellt, erscheint im Display klein **DEG** am oberen Bildschirmrand!

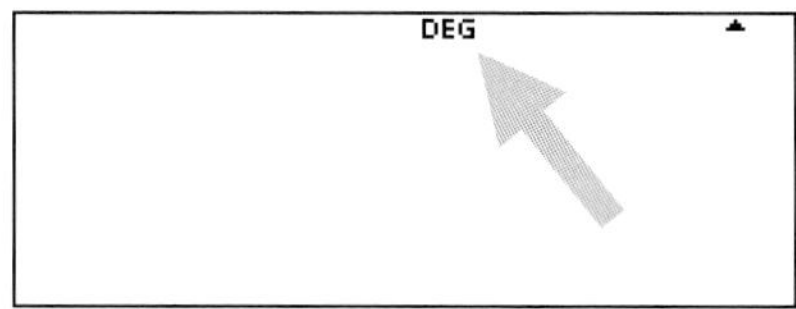

Wir berechnen Sinus-, Kosinus- und Tangenswerte mit den jeweiligen Tasten:

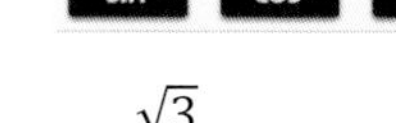

$sin(60°) = \frac{\sqrt{3}}{2} = 0{,}866$

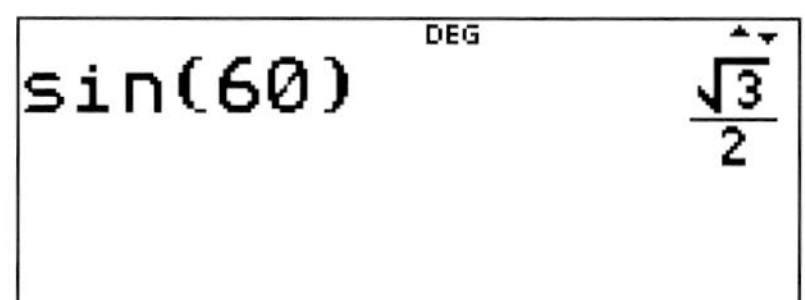

Der Wechsel von mathematischer Schreibweise (mit Brüchen und Wurzeln) in die Dezimaldarstellung erfolgt mit der Taste: f◄►d ◄►≈

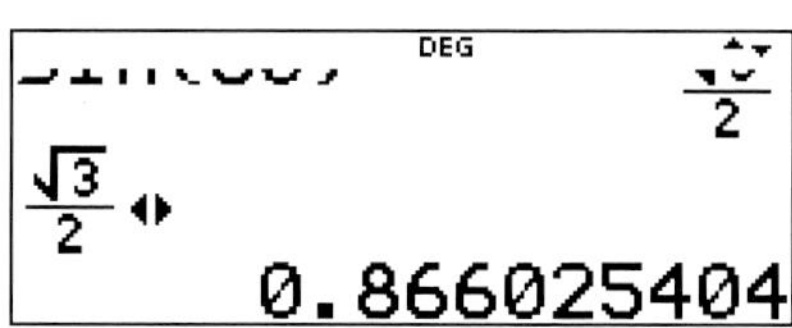

Wollen wir zu einem Sinuswert den dazugehörigen Winkel berechnen, wählen wir **sin**$^{-1}$ durch zweimaliges Drücken der Taste **sin.**

DEG
sin⁻¹(0.5) 30

Bei welchem Winkel hat der Sinus den Wert 0,5?

2.11.2 Berechnungen im Bogenmaß

Das Bogenmaß gibt einen Winkel als Bogenlänge im Einheitskreis an. Das kann man sich gut merken, da ein Kreis mit dem Radius 1 genau den Umfang 2π hat. D. h. im Bogenmaß gilt $2 \cdot \pi = 360°$.

Über die Taste **mode** stellen wir das Gradmaß ein, indem wir **RADIAN** aktivieren.

Ist das Gradmaß richtig eingestellt, erscheint im Display klein **RAD** am oberen Bildschirmrand!

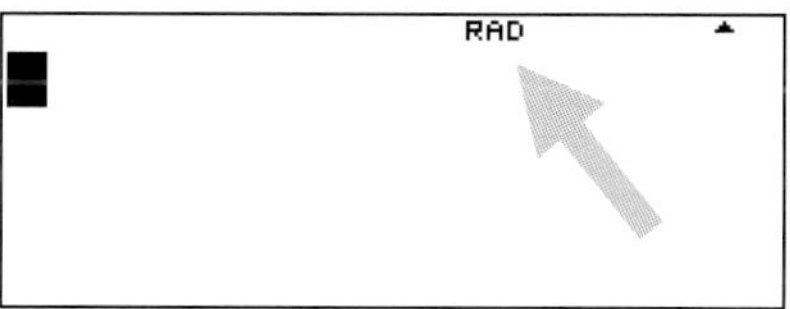

$$60° = \frac{\pi}{3}$$

$$\sin\left(\frac{\pi}{3}\right) = \frac{\sqrt{3}}{2} = 0{,}866$$

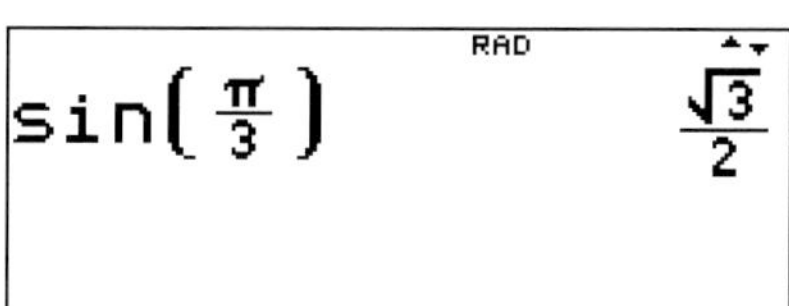

Der Wechsel von mathematischer Schreibweise (mit Brüchen und Wurzeln) in die Dezimaldarstellung erfolgt mit der Taste: f◄►d ◄►≈

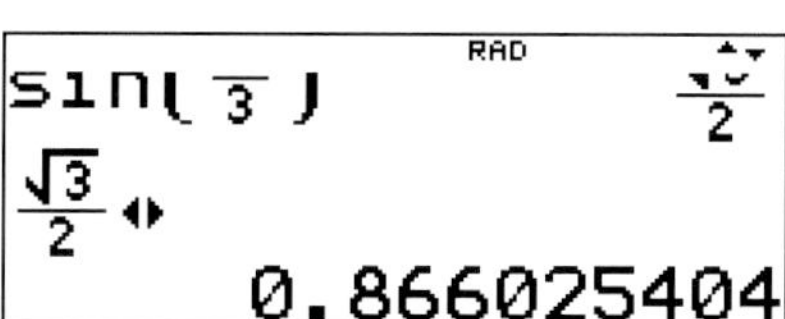

Wollen wir zu einem Sinuswert den dazugehörigen Winkel berechnen, wählen wir **sin**$^{-1}$ durch zweimaliges Drücken der Taste **sin.**

Bei welchem Winkel hat der Sinus den Wert 0,5?

sin⁻¹(0.5)
0.523598776

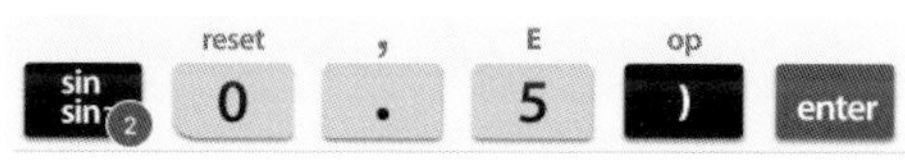

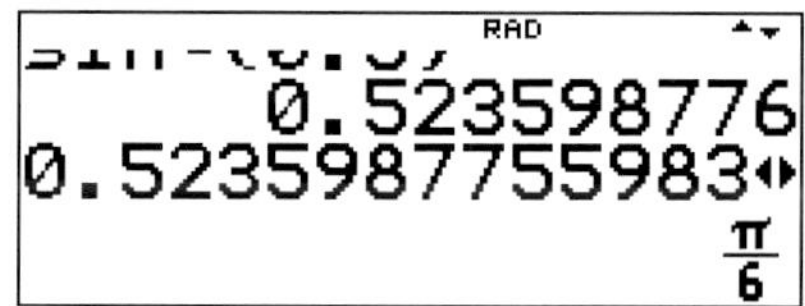

2.11.3 Übungen – Trigonometrie

1. Berechnungen im Gradmaß – Berechne!

   a) $sin(45°)$ b) $sin(225°)$ c) $sin(330°)$

   d) $cos(60°)$ e) $cos(180°)$ f) $cos(300°)$

2. Berechnungen im Bogenmaß – Berechne!

   a) $\sin\left(\frac{\pi}{2}\right)$ b) $\sin\left(\frac{2\pi}{3}\right)$ c) $\sin\left(\frac{3\pi}{2}\right)$

   d) $\cos\left(\frac{\pi}{3}\right)$ e) $cos\left(\frac{3\pi}{4}\right)$ f) $\cos\left(\frac{5\pi}{3}\right)$

3. Textaufgabe

   Ein Fahrrad hat einen Felgendurchmesser von 28 Zoll. Der Reifenmantel ist 5 cm dick. Wie oft dreht sich das Rad bei einer 5 km langen Radtour?

Lösungen zu diesen Aufgaben auf Seite 97

3 Regressionsberechnungen

Zu den verschiedenen Regressionsberechnungen gelangen wir über die Zweitbelegung auf der Taste 

.

```
RAD
STAT-REG DISTR
1:StatVars
2:1-VAR STATS
3↓2-VAR STATS
```

Wir müssen ein wenig mit der Pfeiltaste blättern, um insgesamt 9 verschiedene Regressionstypen zu finden:

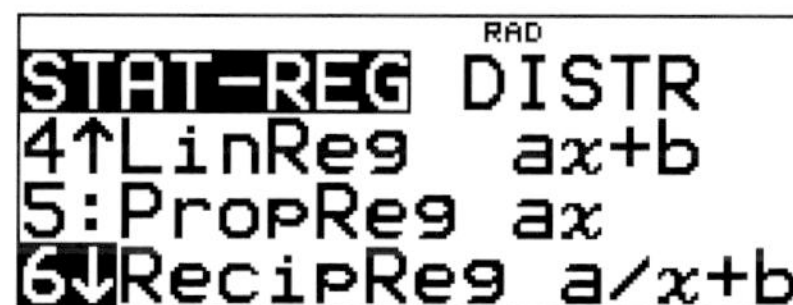

4: LinReg	**ax+b**
5: PropReg	**ax**
6: RecipReg	**a/x+b**
7: QuadraticReg	
8: CubicReg	
9: LnReg	**a+blnx**
:PwrReg	**ax^b**
:ExpReg	**ab^x**
:expReg	**ae^(bx)**

3.1 Lineare Regression

Aus zwei Punkten kann man eine Geradengleichung oder lineare Funktionsgleichung bestimmen. Bei Messreihen in der Physik muss manchmal ebenso eine Gerade durch mehr als 2 Punkte gelegt werden. In diesem Fall liegt die Gerade nicht auf allen Punkten, sondern stellt eine „Bestgerade" dar. Beide Fälle werden wir hier betrachten.

Wir bestimmen die Geraden-gleichung der Geraden durch die Punkte **A (1|1)** und **B (7|4)**.

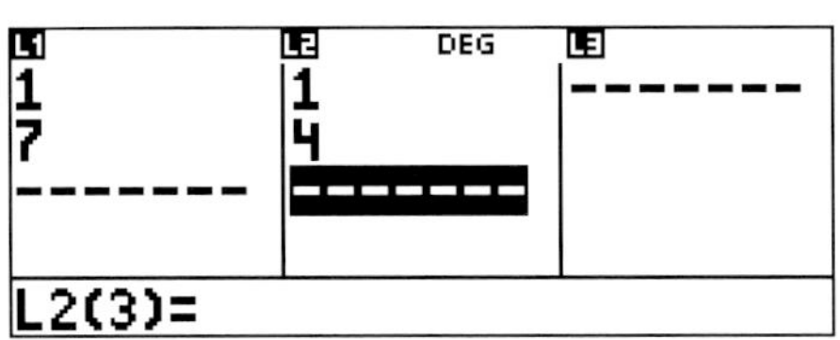

Mit der Taste **data** geben wir zunächst die Werte für x und y ein.
x: Spalte 1 **(L1)**
y: Spalte 2 **(L2)**

Jetzt wählen wir über **2nd data**
4: LinReg ax+b im **Statistikmenü.**

Spalte 1 (**L1**) für x und Spalte 2 (**L2**) für die y-Werte ist schon richtig ausgewählt. Wir klicken durch bis **CALC** und es erscheint das Ergebnis:

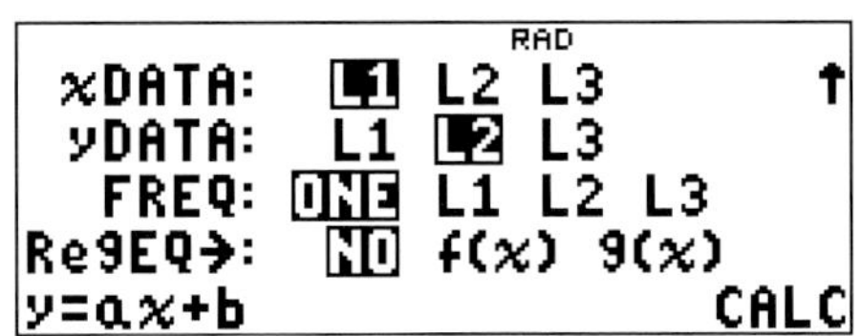

a = 0,5 und b = 0,5 .

Die Gleichung der gesuchten

Funktion lautet somit:

$f(x) = 0{,}5x + 0{,}5$.

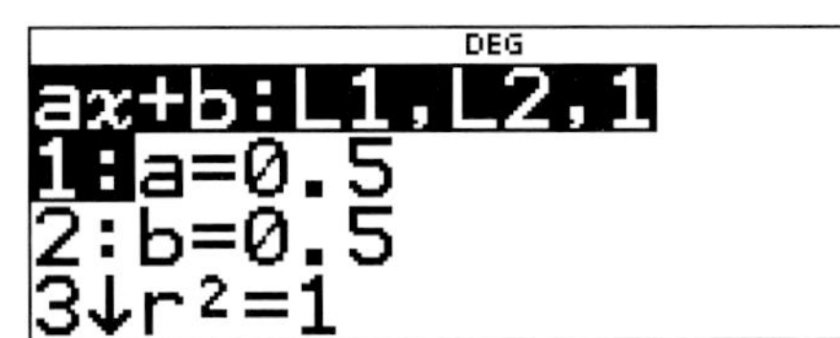

3.1.1 Messreihe eines proportionalen Zusammenhangs darstellen

In der Physik messen wir verschiedene Spannungen und Stromstärken an einem ohmschen Widerstand. Es gilt das Ohm‘sche Gesetz: $U = R \cdot I$. Wir nehmen folgende Wertetabelle auf und bestimmen den Widerstand R aus diesen Messwerten.

I (=x) [A]	0	0,012	0,026	0,039	0,053
U (=y) [V]	0	5	10	15	20

Wir gehen wie im vorangegangenen Abschnitt vor und geben die Werte in die Tabelle ein und wählen zunächst die **lineare Regression** und zum Vergleich anschließend die **proportionale Regression**.

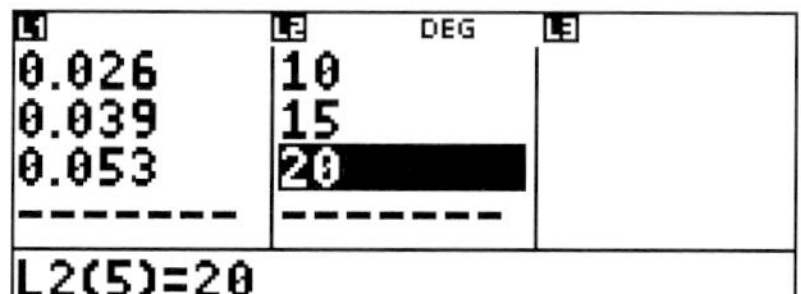

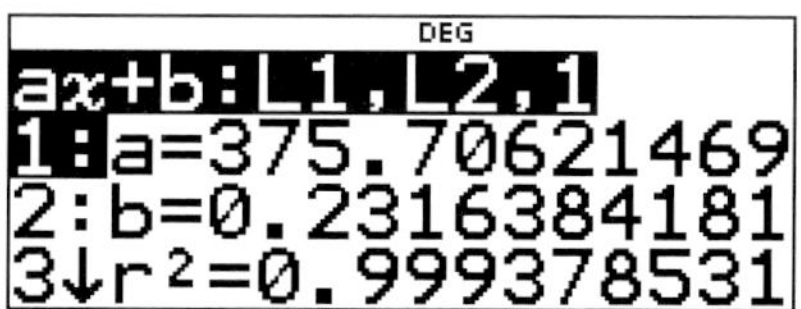

Als Ergebnis erhalten wir die Funktion: $f(x) = 375{,}7x + 0{,}23$.

Den Wert 0,23 als y-Achsenabschnitt müssen wir vernachlässigen, da das Ohm‘sche Gesetz eine proportionale Funktion ist und der y-Achsenabschnitt Null ist.

Daher wählen wir nun mit den gleichen Werten in der Tabelle nochmals Regression und diesmal die proportionale Regression.

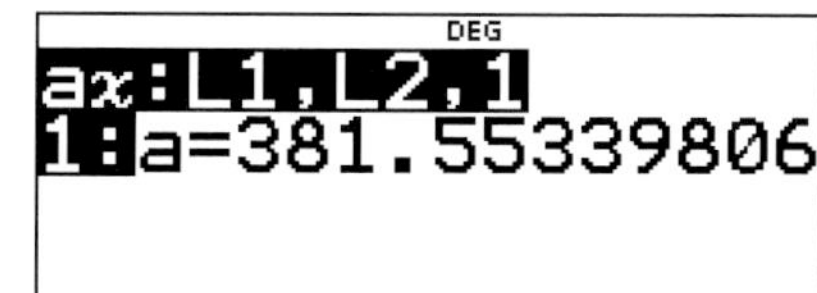

Die proportionale Funktion lautet $f(x) = 381{,}55x$ und der Widerstand aus unserer Messreihe beträgt aus dieser Berechnung: $R \approx 381{,}55\ \Omega$.

Für exakt proportionale Zusammenhänge ist somit die proportionale Regression besser geeignet!

3.2 Quadratische Regression

Um eine allgemeine quadratische Funktion: $f(x) = a \cdot x^2 + b \cdot x + c$ eindeutig zu bestimmen, benötigt man mindestens 3 Punkte.

Gegeben sind die 3 Punkte:

A (2|2,5), **B (3|3)** und **C (5|1)** .

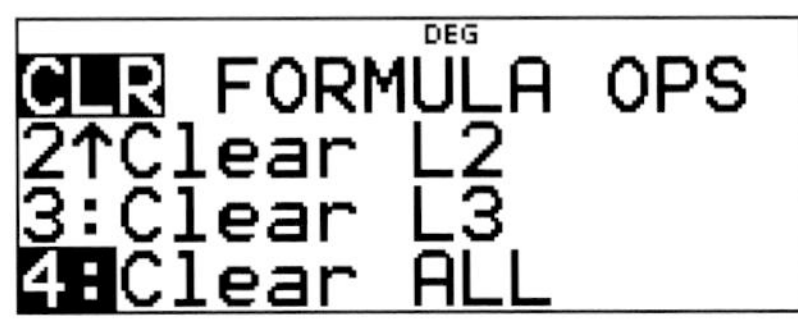

Zunächst geben wir die 3 Punkte über die Taste **data** in eine Tabelle ein. Die x-Werte in Spalte 1 und die y-Werte in Spalte 2.

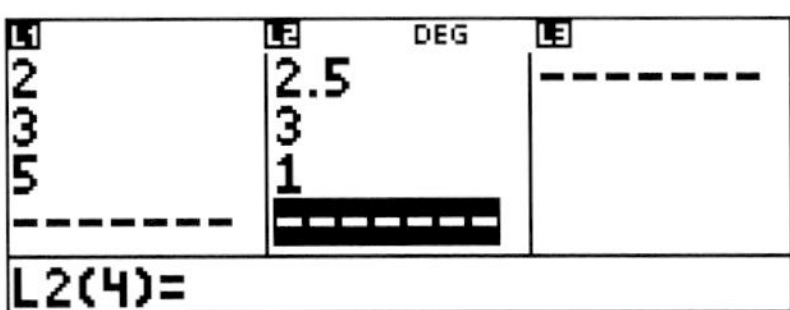

Um vorherige Werte zu löschen drücken wir nochmals **data** und können die Option zum Löschen auswählen. Mit **4:Clear ALL** löschen wir alle Tabelleneinträge!

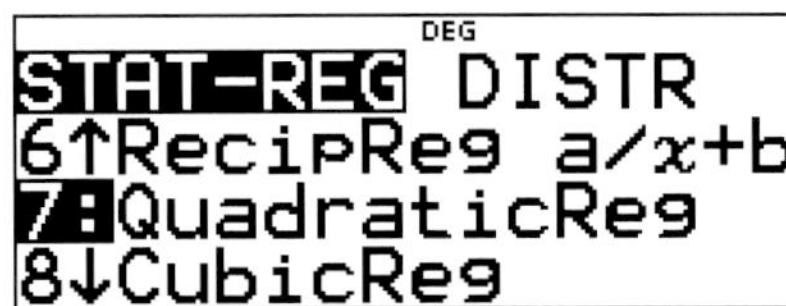

Jetzt wählen wir über **2nd data** **7: QuadraticReg** im **Statistikmenü** für eine allgemeine quadratische Funktion.

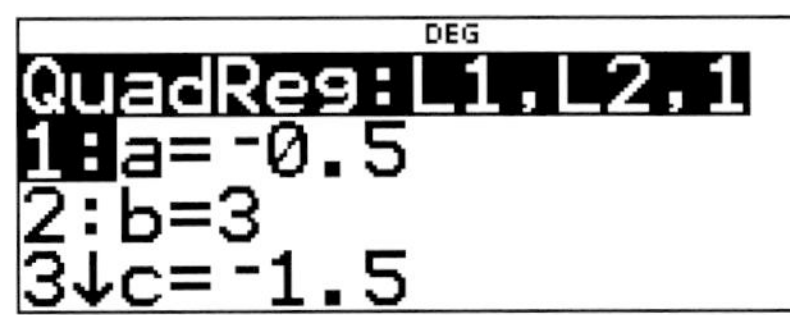

Nach Eingabe der Punkte berechnen wir die Parameter:

a = - 0,5, b = 3, c = -1,5 .

Die gesuchte quadratische Funktion lautet:

$$f(x) = -0{,}5x^2 + 3x - 1{,}5 \ .$$

3.3 Exponentielle Regression

Eine Algenpopulation in einem See verdoppelt alle 3 Tage ihre Fläche. Zum Zeitpunkt **t = 0** sind bereits **10 m²** mit Algen zugewachsen.

Die Aufgabenstellung: Bestimme die zugrunde liegende Funktion. Wir erstellen hierzu zunächst eine Wertetabelle:

Zeit [Tage]	0	3	6	9	12
Fläche [m^2]	10	20	40	80	160

Mit diesen Werten führen wir eine exponentielle Regression durch.

Wir leeren die Tabelle und fügen die Werte in die Spalte 1 und Spalte 2 ein.

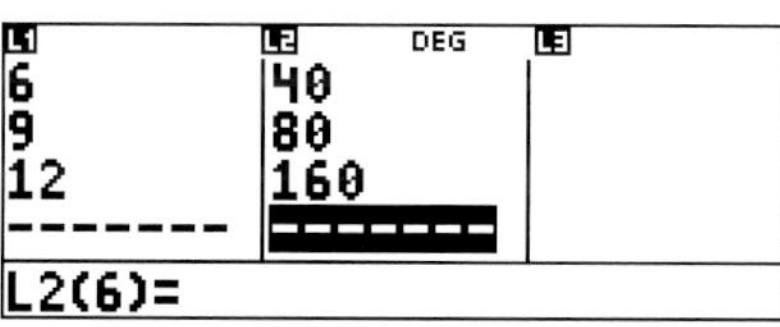

Jetzt wählen wir über **2nd data :expReg ae^(bx)** im **Statistikmenü** für eine allgemeine exponentielle Funktion.

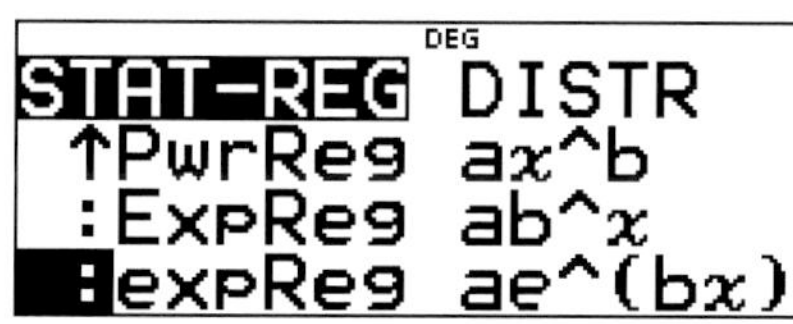

Nach der Eingabe der Werte in der Tabelle rufen wir die Berechnung auf.

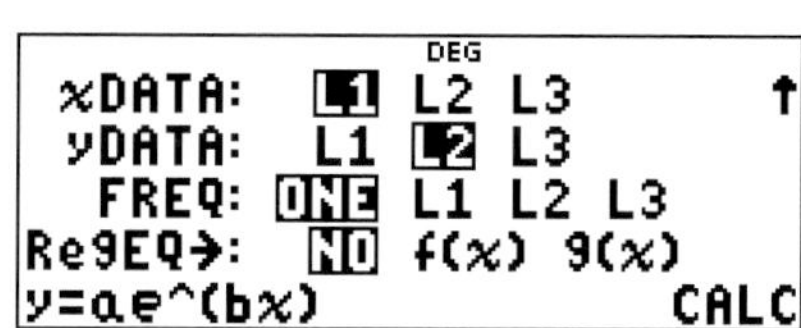

Die gesuchte Funktion lautet:

$$f(x) = 10 \cdot e^{0,231 \cdot x} \ .$$

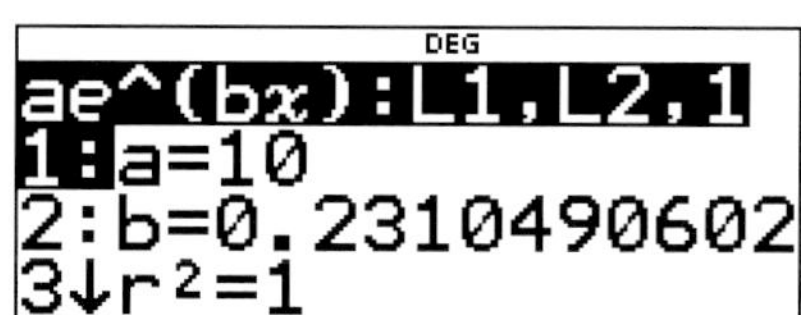

3.4 Übungen – Regression

1. Lineare Regression

   Bestimme die Geradengleichung durch die zwei Punkte A (1 | 1) und B (7 | 4).

2. Quadratische Regression

   Bestimme die Gleichung der Parabel, welche sich durch die Punkte A (2 | 0), B (4 | 4) und C (6 | 0) beschreiben lässt.

3. Exponentielle Regression

   Die Halbwertszeit von radioaktivem Cäsium 137 (^{137}Cs) beträgt 30 Jahre. Zum Zeitpunkt $t_0 = 0$ beträgt die Aktivität 2000 Bequerel (Bq). Erstelle eine kleine Wertetabelle und bestimme eine mögliche Zerfallsgleichung.

Lösungen zu diesen Aufgaben auf Seite 98

4 Terme berechnen

Der Rechner kann in vorgegebene Rechenausdrücke Werte für x einsetzen. Diese Funktion rufen wir mit **expr-eval = 2nd + table** auf:

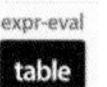

Wir berechnen den Rechenausdruck:

$7x + 15$ für $x = 8$.

Wir drücken die Taste **2nd** und anschließend **table,** um den Term einzugeben.

Anschließend drücken wir die **enter**-Taste**.** Jetzt geben wir die Zahl 8 für x ein. Mit der Taste **enter** schließen wir ab und erhalten das Ergebnis.

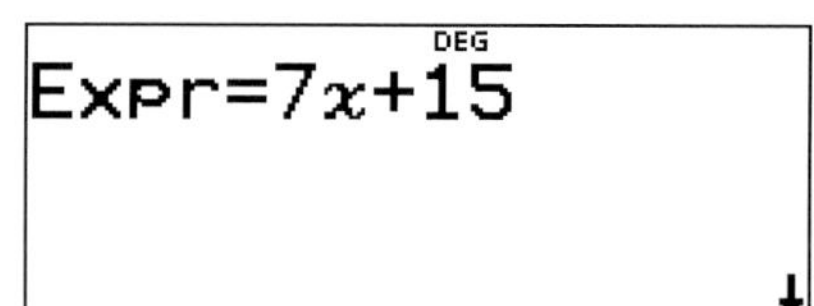

Taste für Variablen:

clear var

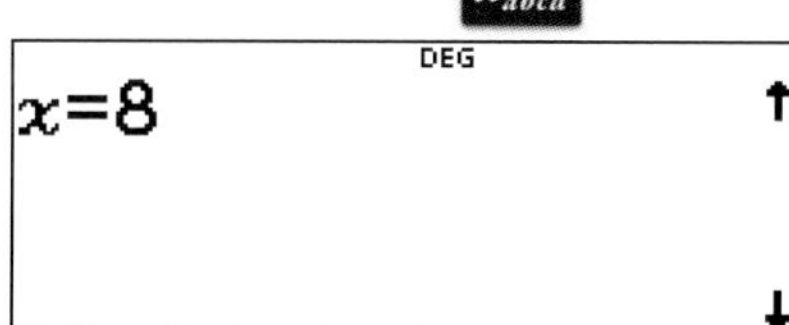

DEG
7x+15 71

Eingabe eines Terms mit mehreren Variablen

Wir berechnen: $x^2 + 4 \cdot x \cdot y$
für $x = 3$ und $y = -1$.

Verschiedene Variablen geben wir mit der Variablentaste ein.

Nach der Eingabe von $x = 3$ werden wir aufgefordert, den Wert für $y = -1$ einzugeben. Nachdem wir das abgeschlossen haben, erscheint das Ergebnis:

$$3^2 + 4 \cdot 3 \cdot (-1) = 9 - 12 = -3$$

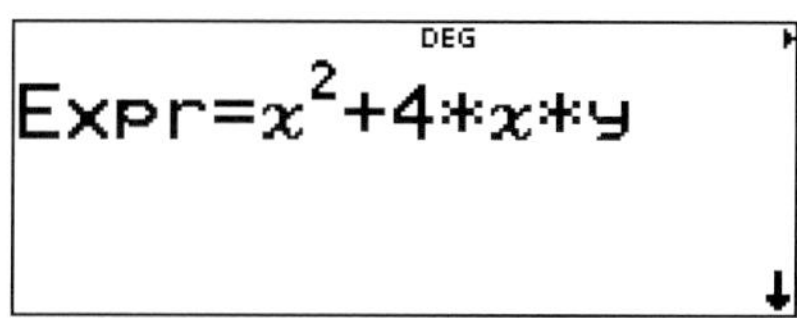

DEG
y= -1

DEG
x²+4*x*y -3

4.1 Übungen – Terme

1. Berechne die folgenden Terme für die angegebenen Variablen!

   a) $x^2 + 2x - 12, x = 5$

   b) $A \cdot e^{Bx}, A = 5, B = -0{,}5, x = 2$

Lösungen zu diesen Aufgaben auf Seite 99

5 Konstanten und Umrechnungen

5.1 Wissenschaftliche Konstanten

Im Rechner sind 20 wissenschaftliche Konstanten hinterlegt. Diese erreicht man über die Tastenkombination **2nd + (** [2nd] [(constants] .

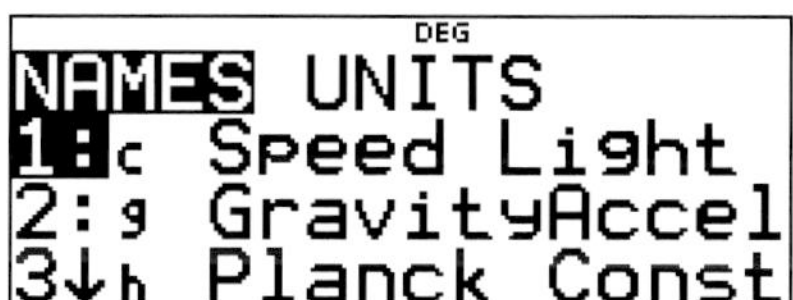

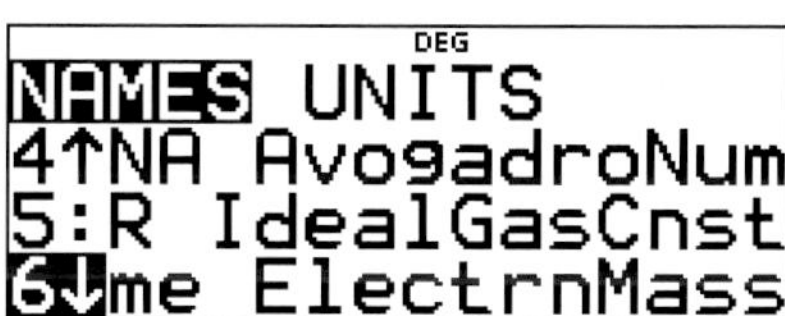

5.1.1 Übersicht über alle physikalische Konstanten

	Wert für Berechnungen
c Speed Light, **Lichtgeschwindigkeit**	299792458 m/s
g GravityAccel, **Erdbeschleunigung**	9,80665 m/s^2
h Planck Const, **Plancksches Wirkungsquantum**	$6{,}626070040 \times 10^{-34}$ Js
NA AvogadroNum, **Avogadro Konstante**	$6{,}022140857 \times 10^{23}$ Moleküle je Mol
R IdealGasCnst, **Universelle Gaskonstante**	8.3144598 J/ (Mol Kelvin)
m_e ElectrnMass, **Masse eines Elektrons**	$9{,}10938356 \times 10^{-31}$ kg
m_p ProtonMass, **Masse eines Protons**	$1{,}672621898 \times 10^{-27}$ kg
m_n NeutronMass, **Masse eines Neutrons**	$1{,}674927471 \times 10^{-27}$ kg
M_μ MuonMass, **Masse eines Myons**	$1{,}883531594 \times 10^{-28}$ kg
G UnvrslGravty, **Gravitationskonstante**	$6{,}67408 \times 10^{-11}$ m^3 / (kg s^2)
F FaradayConst, **Faraday-Konstante**	96485,33289 C/mol
a_0 Bohr Radius, **Bohrscher Radius**	$5{,}2917721067 \times 10^{-11}$ m
r_e ElectronRad, **Klassischer Elektronenradius**	$2{,}8179403227 \times 10^{-15}$ m
k Boltzmann, **Boltzmann-Konstante**	$1{,}38064852 \times 10^{-23}$ J/K
e ElectronChrg, **Elementarladung**	$1{,}6021766208 \times 10^{-19}$ C
u AtomicMassU, **Atomare Masseneinheit**	$1{,}66053904 \times 10^{-27}$ kg
atm StdAtmsphr, **Mittlerer Atmosphärendruck**	101325 Pa
ϵ_0 PrmttvtyVac, **Elektrische Feldkonstante**	$8{,}85418781762 \times 10^{-12}$ F/m
μ_0 PrmbltyVac, **Magnetische Feldkonstante**	$1{,}256637061436 \times 10^{-6}$ N/A^2
Cc CoulombCnst, **Coulomb-Konstante**	$8{,}987551787368 \times 10^{9}$ m/F

5.1.2 Konstanten in Berechnungen einbauen

Wir wollen die Energie eines Lichtquants (Photons) mit der Wellenlänge:

$\lambda = 450\,nm = 450 \cdot 10^{-9} m$ berechnen.

Es gilt die Formel: $W_{ph} = h \cdot f = \frac{h \cdot c}{\lambda}$;

h und c entnehmen wir aus den gespeicherten Konstanten, λ geben wir in Zehnerpotenzschreibweise ein:

$W_{ph} = 4{,}41 \cdot 10^{-19} J.$

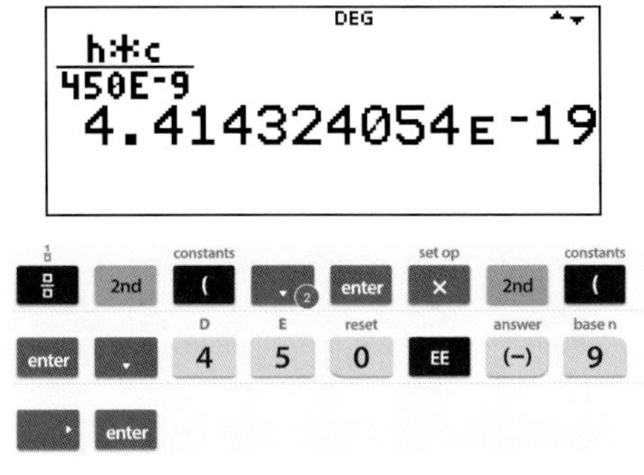

Die Energie eines Photons wird häufig in **eV** (Elektronenvolt angegeben). Hierzu müssen wir das Ergebnis durch den Wert der Elementarladung teilen. Diesen Wert entnehmen wir wieder der Tabelle mit den Konstanten.

$W_{ph} = 4{,}41 \cdot 10^{-19} J = 2{,}755\ eV$

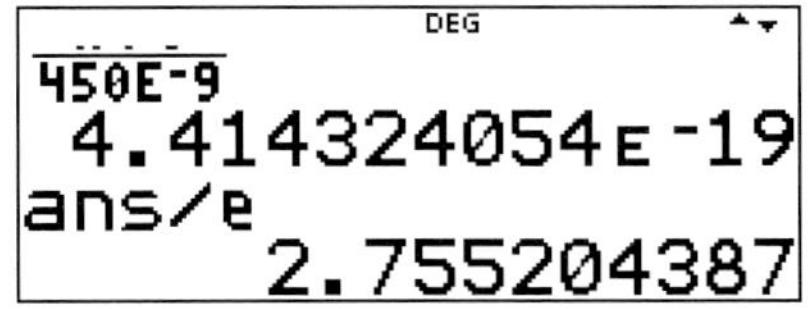

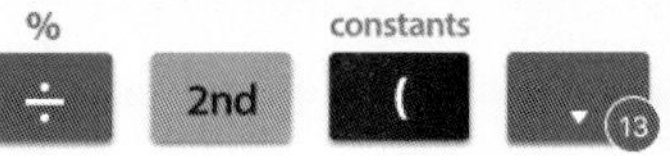

5.2 Größen umrechnen: Die Funktionen

Im Rechner sind 20 Umrechnungsfunktionen hinterlegt.

Diese erreicht man über die Tastenkombination **2nd + 8.**

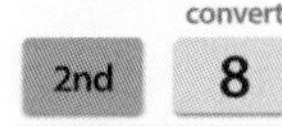

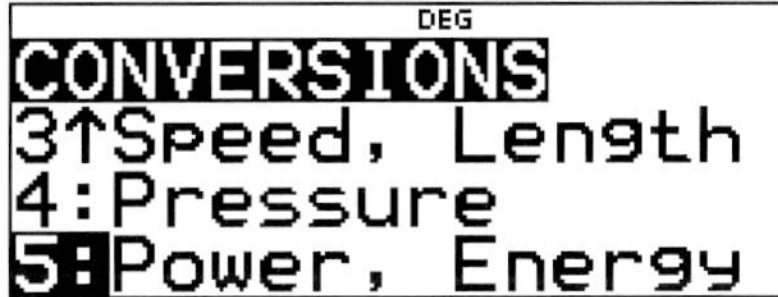

Die einzelnen Umrechnungen sind nochmals in 5 Gruppen eingeteilt.

1: English-Metric = angloamerikanisches/metrisches System für Längen/Flächen

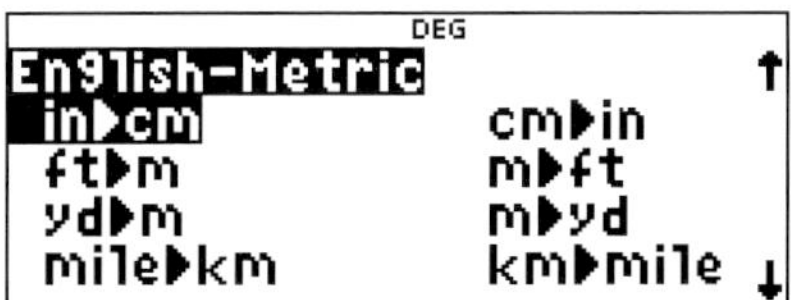

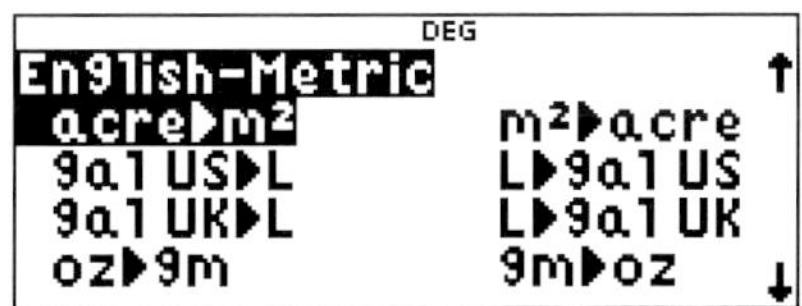

2: Temperature = Temperatureinheiten

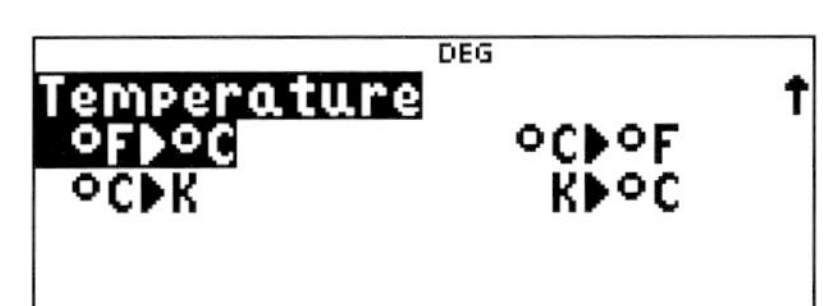

3: Speed, Length = Geschwindigkeit /Längen

4: Pressure = Druck

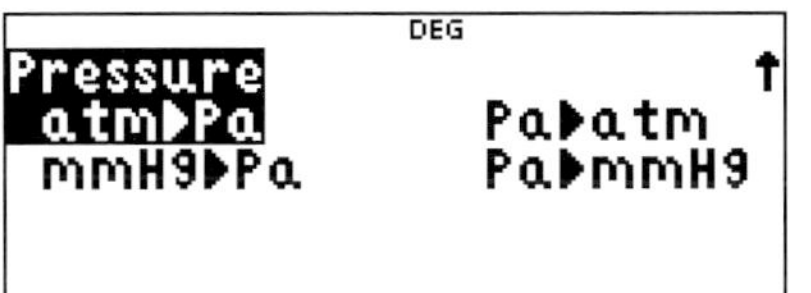

5: Power, Energy = Kraft/Energie

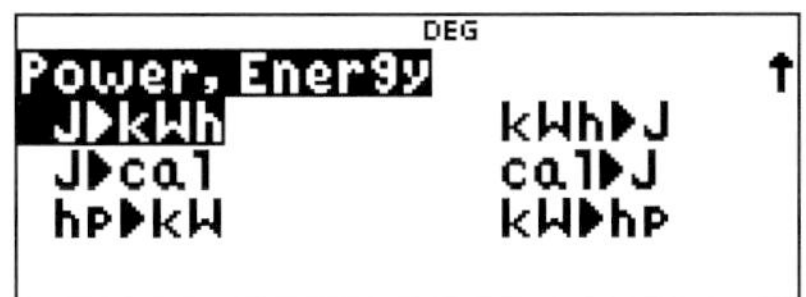

Beachte! Gib immer zunächst den Ausgangswert ein, bevor die Umrechnungsfunktion aufgerufen wird!

5.2.1 Längen von Inch in cm umrechnen

Rechne 13 Inch in cm um!

Wir geben 13 ein und rufen anschließend die Umrechnung auf.

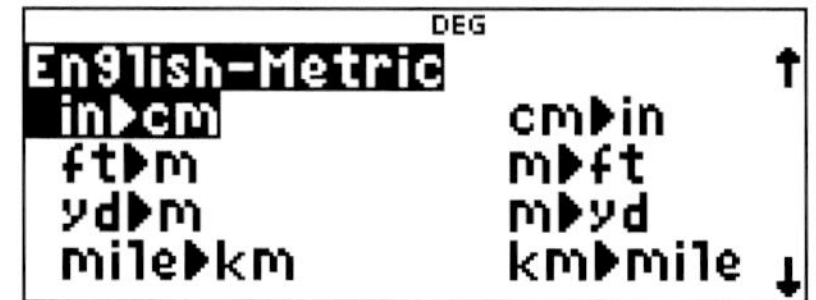

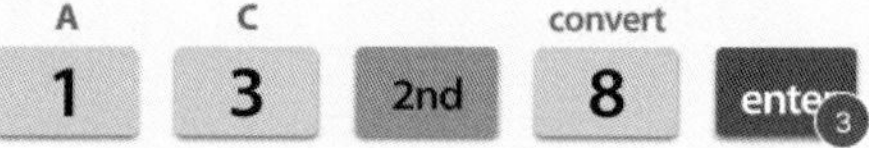

13 Inch sind 33,02 cm!

5.2.2 Geschwindigkeit von km/h in m/s umrechnen

Rechne 120 km/h in m/s um!

Wir geben 120 ein und rufen die Umrechnung auf.

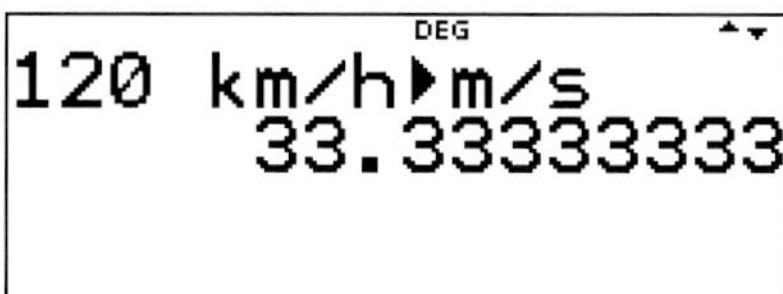

120 km/h sind 33,33333 m/s!

5.2.3 Die Temperatur von °F (Fahrenheit) in °C (Celsius) umrechnen

Wie viel Grad Celsius sind 100 °F?

Wir geben 100 ein und rufen die Umrechnung auf.

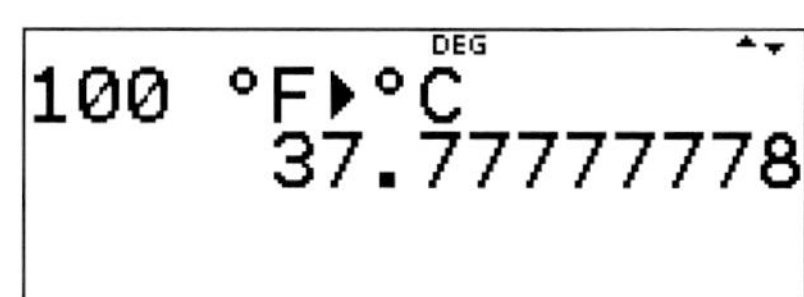

100 °F sind gerundet 37,8 °C!

5.2.4 Übungen – Umrechnungen

1. Bei einer Geschwindigkeitskontrolle werden folgende Geschwindigkeiten in m/s gemessen. Für die Strafzettel muss die Geschwindigkeit in km/h umgerechnet werden.

   a) 20 m/s b) 35 m/s c) 17 m/s

2. Rechne um!

   a) 2 Inch in cm

   b) 100 Yard in m

   c) 100 °C in °F

   d) 30°F in °C

Lösungen zu diesen Aufgaben auf Seite 99

6 Wahrscheinlichkeitsrechnung

6.1 Stichproben/Mittelwert/Standardabweichung

Wir wollen zunächst die folgenden Werte mit der Taste **data** eingeben:

30, 29, 31, 33, 29, 30, 30, 32, 29

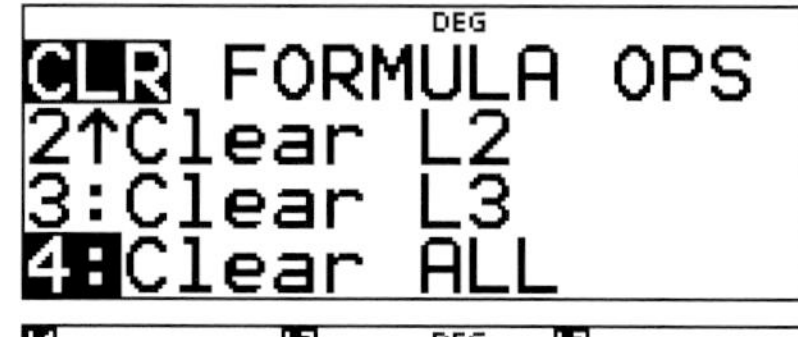

und anschließend die statistischen Kennwerte berechnen. Sollte die Tabelle noch mit „alten" Daten gefüllt sein, löschen wir diese, indem wir nochmals die Taste **data** drücken und **4: Clear ALL** wählen.

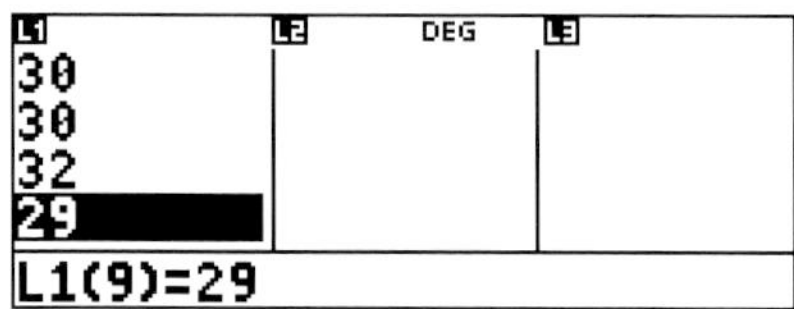

In der ersten Spalte geben wir die Zahlen ein.

Jetzt wählen wir mit **2nd + data** 

DEG
STAT-REG DISTR
1:StatVars
2:1-VAR STATS
3↓2-VAR STATS

das Statistik Menü aus.
Zur Berechnung der Variablen wählen wir **2: 1-VAR STATS.** Als Datenquelle ist **DATA: L1** markiert, da sich die Daten in der ersten Spalte der Tabelle befinden.

Anzahl der Werte: $n = 9$

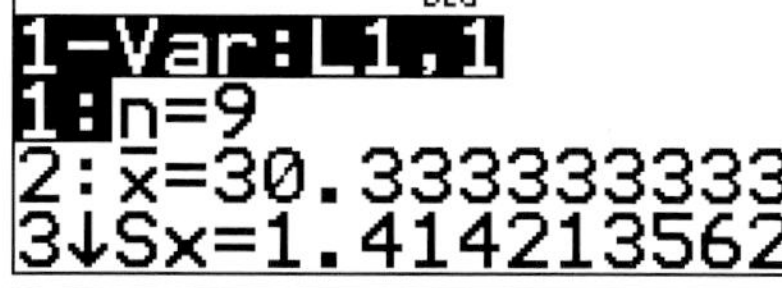

Mittelwert: $\bar{x} \approx 30{,}33$

Summe aller Werte: $\sum x = 273$

Standardabweichung: $\sigma x \approx 1{,}33$

Mit der Pfeiltaste kann man nach unten blättern, um weitere statistische Werte zu erhalten.

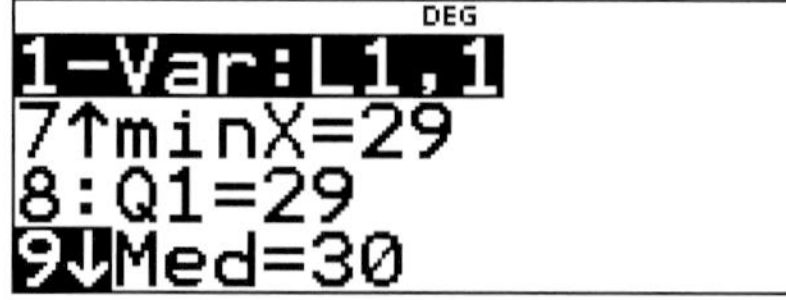

6.2 Relative Häufigkeiten/Wahrscheinlichkeitsverteilung

Die Zufallsgröße X gibt den Gewinn in Euro bei einem Glücksspiel mit einem Einsatz von 1,00 € an.

In der Tabelle ist die Wahrscheinlichkeitsverteilung dargestellt:

Gewinn	-1	0	1	4
P(X)	0,6	0,2	0,15	0,05

Wir berechnen den Erwartungswert und die Standardabweichung:

Wir wählen mit der **data**-Taste die Tabellenansicht und leeren wenn nötig noch die Tabelle. Jetzt geben wir die Werte für den **Gewinn in Spalte 1** (L1) und die **Häufigkeit in Spalte 2** (L2) ein.

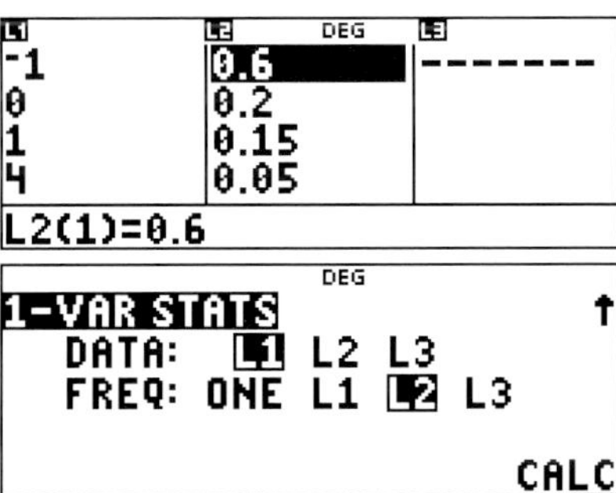

Jetzt wählen wir mit **2nd + data** 

das Statistik Menü aus. Zur Berechnung der Variablen wählen wir **2: 1-VAR STATS.**

Wichtig! Die Häufigkeit (**FREQ**) befindet sich in der 2. Spalte der Tabelle und wird entsprechend (**L2**) markiert!

Durch die einzelnen Variablen können wir mit der Pfeiltaste wandern.

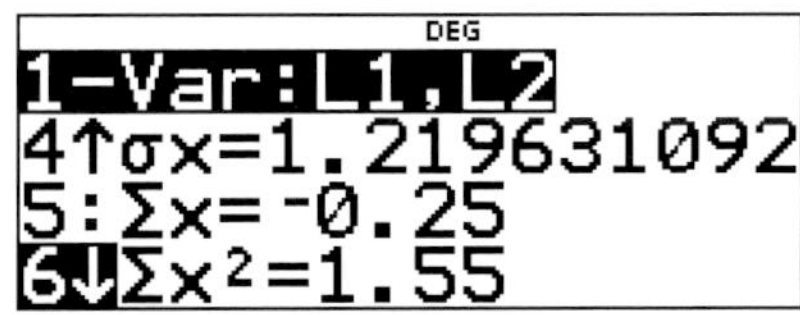

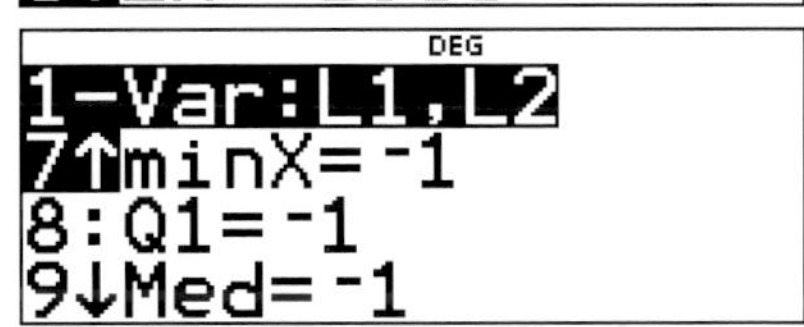

6.3 Würfelspiel simulieren

Wir simulieren 40 Mal das Werfen eines 6-seitigen Würfels.

Mit der Taste **data** gehen wir in die Tabellenansicht. Wir drücken wieder die Taste **data** und wählen **OPS** und **3: Sequence**.

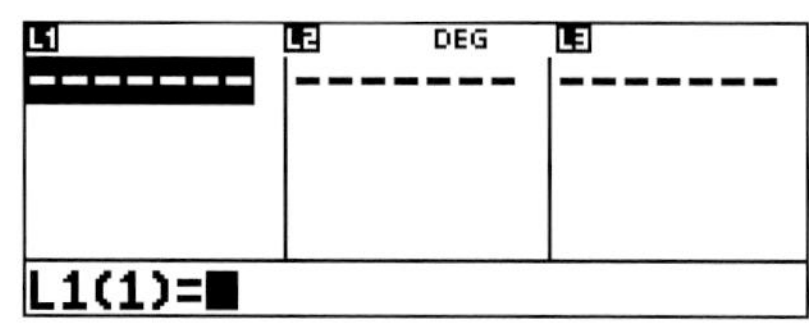

Wir wählen **FILL LIST: L1**, um die erste Spalte mit Werten zu füllen.

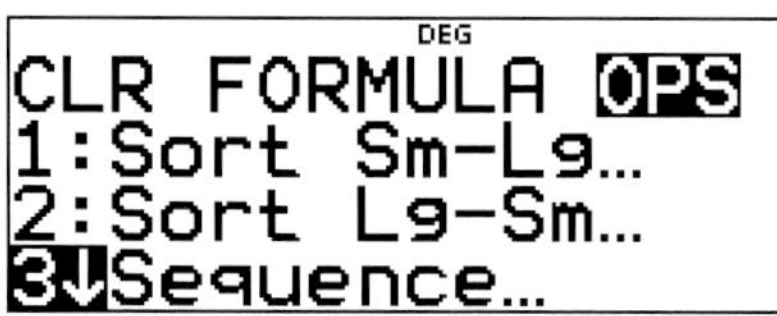

Nun geben wir die Parameter ein:

EXPR IN X: die Zufallsfunktion **randint(1,6)**

START X: 1
END X: 40
STEP SIZE: 1

Mit dem letzten **enter** auf dem Text **SEQUENCE FILL** wird die erste Tabelle mit den Zufallszahlen gefüllt.

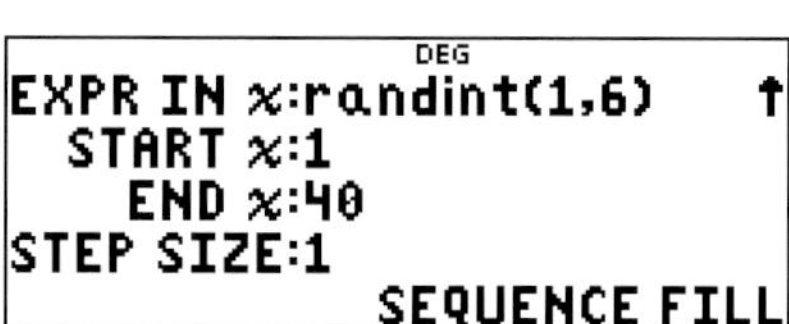

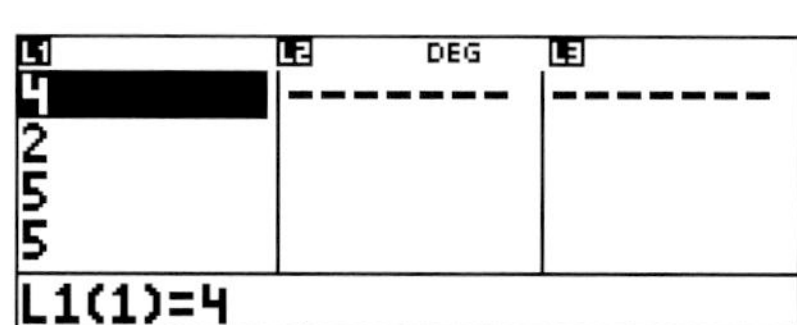

6.4 Kombinatorik: Fakultät, Permutation, Kombination

Anzahl möglicher Kombinationen

Bei einem Pferderennen mit 12 Pferden gibt es 12! Möglichkeiten der Einlaufreihenfolge. Die Funktion Fakultät erhalten wir durch einmaliges Drücken der Taste random ! nCr nPr.

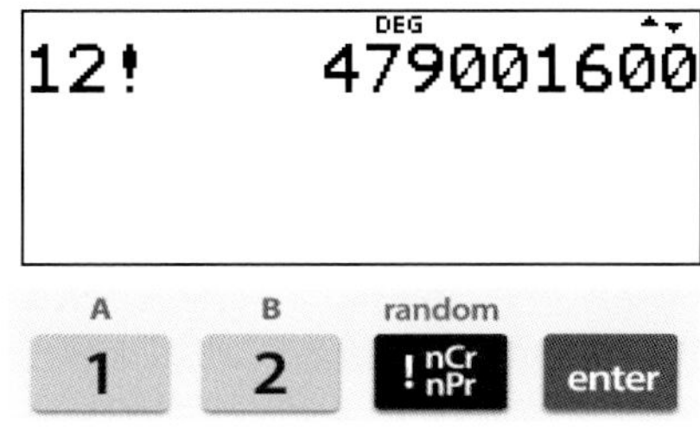

6.4.1 Ziehen aus einer Urne ohne Zurücklegen mit Beachtung der Reihenfolge

Zieht man aus einer Urne mit n verschiedenen Kugeln r Kugeln ohne Zurücklegen, so gibt es: $\frac{n!}{(n-r)!}$ Möglichkeiten.

Wir ziehen 6 Kugeln aus 49 ohne Zurücklegen und mit Beachtung der Reihenfolge.

nPr für Permutationen erhält man nach **3-maligem Drücken** der Taste

6.4.2 Ziehen aus einer Urne ohne Zurücklegen ohne Reihenfolge

Zieht man aus einer Urne mit n verschiedenen Kugeln r Kugeln ohne Zurücklegen, so gibt es: $\frac{n!}{r!\cdot(n-r)!}$ Möglichkeiten.

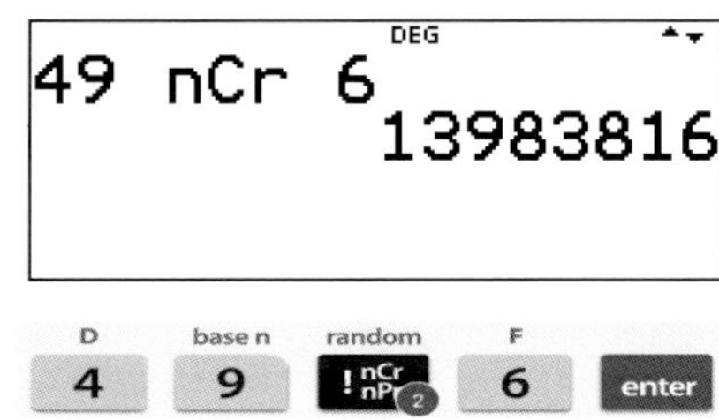

Wir ziehen 6 Kugeln aus 49, ohne Beachtung der Reihenfolge. **nCr** für Kombinationen erhält man nach **2-maligem Drücken** der Taste

6.5 Binomialverteilung

6.5.1 Bernoulli-Experiment und Wahrscheinlichkeitsverteilung

$$P(k) = \binom{n}{k} \cdot p^k \cdot \ (1-p)^{n-k}$$

Die Formel für eine Binomialverteilung ist im Rechner hinterlegt.
Ein Werkstück hat bei einer einzelnen Prüfung einen Fehler mit einer Wahrscheinlichkeit von 10 %. Die Prüfung wird 100-mal durchgeführt. Die Wahrscheinlichkeit, genau *x* fehlerhafte Werkstücke zu finden ist $P(x)$.

Wir starten im **Statistikmenü,** mit der Taste **2nd + data**.
Mit den Pfeiltasten wählen wir **DISTR**, **4: Binomialpdf** aus.

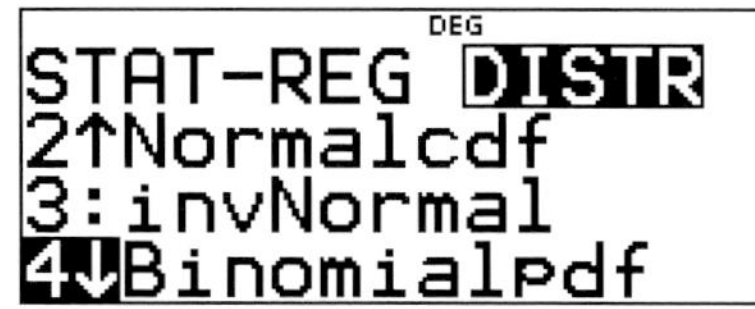

Für einen einzelnen Wert wählen wir **SINGLE**, für eine Verteilung **LIST.**

$p = 0{,}1,\ n = 100,\ x = 10$

Als Ergebnis erhalten wir gerundet:

$P(x) = 0{,}13187 \approx 13{,}2\,\%$.

Das Ergebnis könnten wir noch in einer Variablen speichern (**STORE**).

6.5.2 Kumulierte Binomialverteilung

Berechne die kumulierte Binomial-verteilung für:

$$n = 10,\ \ x = 5,\ \ p = 0{,}3\ .$$

Wir starten im **Statistikmenü** mit der Taste **2nd + data**.

Mit den Pfeiltasten wählen wir **DISTR**, **5: Binomialcdf** für die kumulierte Binomialverteilung aus.

Für einen einzelnen Wert wählen wir **SINGLE, für eine Verteilung LIST.**

Hier geben wir die Parameter ein.

Die Wahrscheinlichkeit, dass bei 10 Werkstücken zwischen 0 und 5 Stück fehlerhaft sind, wenn die Wahrscheinlichkeit für ein einzelnes Werkstück 30 % beträgt, liegt bei etwa 95 %.

6.6 Normalverteilung

6.6.1 Einzelne Wahrscheinlichkeit

Die Gauß- oder Normalverteilung ist eine wichtige Verteilungsfunktion in der Wahrscheinlichkeitsrechnung. Die Standardabweichung beschreibt die Breite der Normalverteilung. Es gilt:

- Im Intervall der Abweichung $\pm\sigma$ vom Erwartungswert sind 68,27 % aller Messwerte zu finden,
- Im Intervall der Abweichung $\pm 2\sigma$ vom Erwartungswert sind 95,45 % aller Messwerte zu finden,
- Im Intervall der Abweichung $\pm 3\sigma$ vom Erwartungswert sind 99,73 % aller Messwerte zu finden.

Die Halbwertsbreite einer Normalverteilung ist das ungefähr 2,4-fache, (genau $2\sqrt{2\ln 2}$) der Standardabweichung.

Eine normalverteilte Zufallsgröße habe den Erwartungswert $\mu = 100$ und die Standardabweichung $\sigma = 15$.

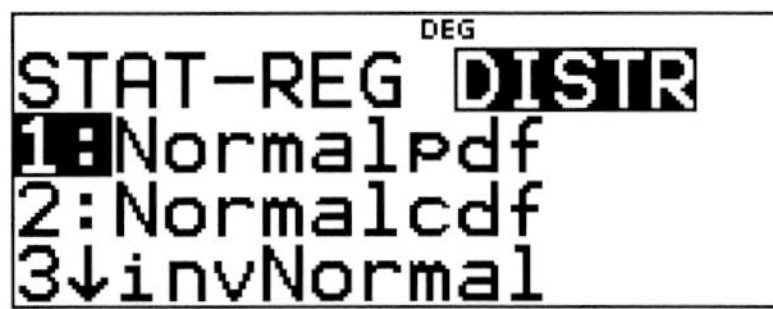

Wie groß ist die Wahrscheinlichkeit für den Zufallswert $x = 110$?

Wir starten im **Statistikmenü,** mit der Taste **2nd + data**.

Mit den Pfeiltasten wählen wir **DISTR**, **1: Normalpdf** für die Normalverteilung aus.

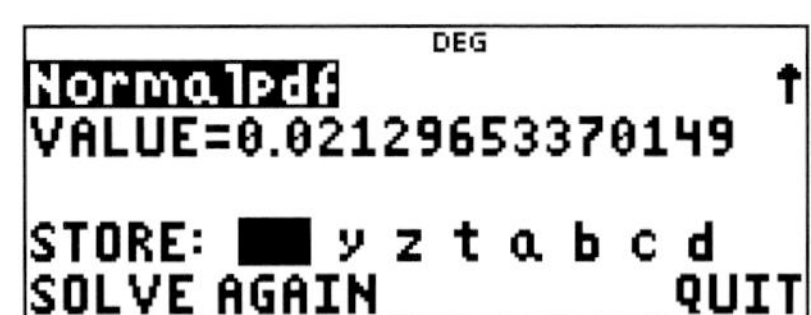

Nun geben wir die Parameter ein:

$x = 110, \quad \mu = 110, \quad \sigma = 15$

Nach der Eingabe von sigma (σ) erscheint die gesuchte Wahrscheinlich-keit:
VALUE = $0{,}0212965\ldots \approx 2{,}1\%$.

6.6.2 Kumulierte Wahrscheinlichkeit

Eine normalverteilte Zufallsgröße habe den Erwartungswert $\mu = 100$ und die Standardabweichung $\sigma = 15$.

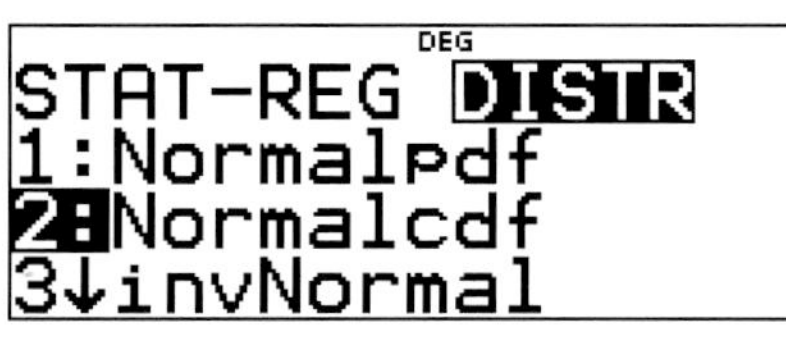

Wie groß ist die Wahrscheinlichkeit, dass der Zufallswert kleiner als $x = 85$ ist?

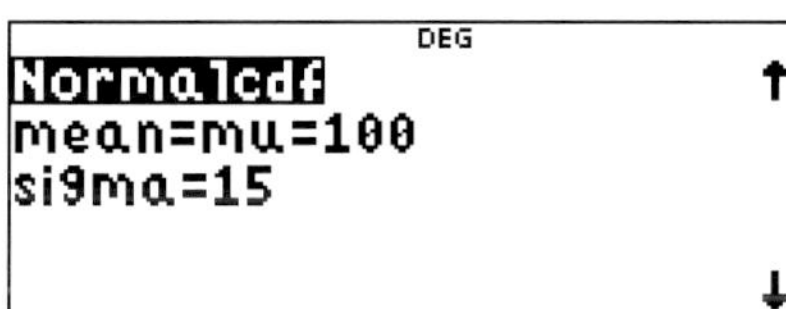

Wir starten im **Statistikmenü,** mit der Taste **2nd + data**.

Mit den Pfeiltasten wählen wir **DISTR**, **2: Normalcdf** für die kumulierte Normalverteilung aus.

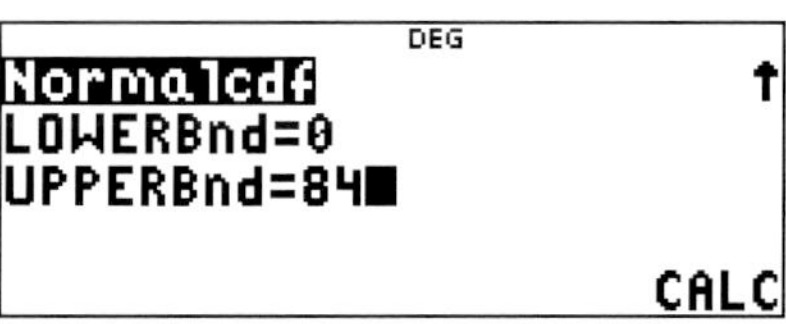

Wir geben die Werte ein:

$\mu = 100, \sigma = 15$.

Die untere Grenze ist 0, die obere Grenze ist 84.

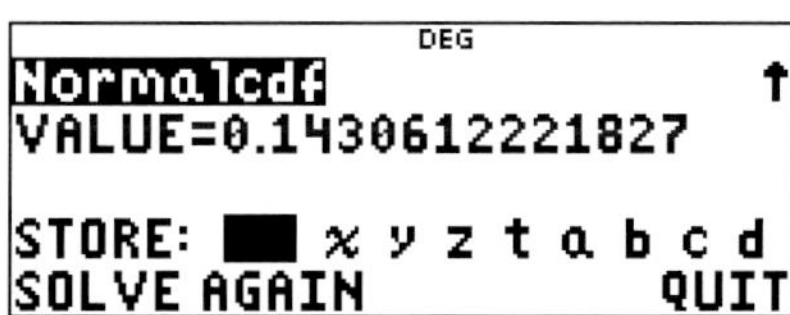

Nach Abschluss der letzten Eingabe erhalten wir die kumulierte Wahrscheinlichkeit:

VALUE = $0{,}14306\ldots \approx 14{,}3\,\%$.

7 Gleichungen und Gleichungssysteme

7.1 Allgemeiner Aufruf

Mit dem **TI-30X Pro MathPrint™** kann man vielfältige Gleichungen und Gleichungssysteme lösen. Hierzu stehen 3 verschiedene Alternativen über die Zweitbelegung **2nd** zur Verfügung:

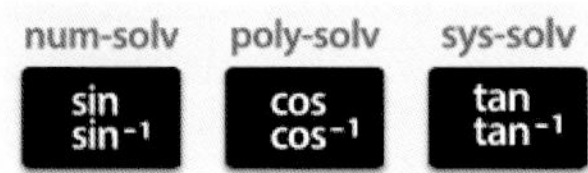

num-solv:

Gleichungen numerisch lösen

DEG
⬚=⬚
Enter equation
to solve.

poly-solv:

Polynomgleichungen

quadratische und kubische Gleichungen

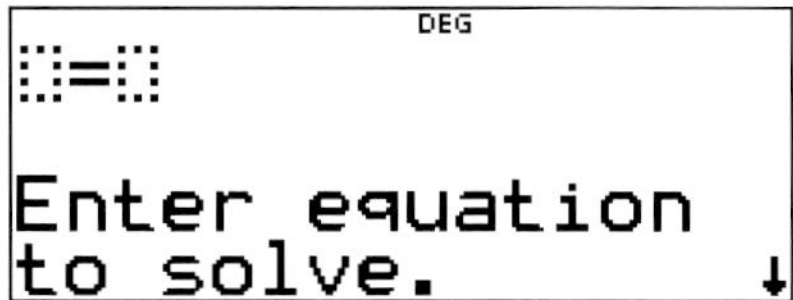

sys-solv:

Lineare Gleichungssysteme

2 Gleichungen mit 2 Unbekannten

3 Gleichungen mit 3 Unbekannten

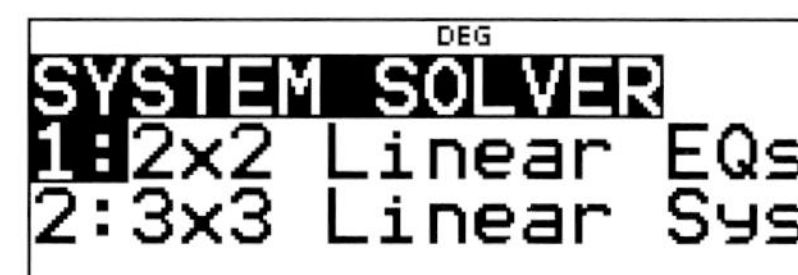

7.2 Gleichungen numerisch lösen mit num-solv

Numerisch Lösen bedeutet, dass die Gleichungen nicht algebraisch aufgelöst werden, sondern der Rechner mit einem internen Algorithmus das Ergebnis rechnerisch bestimmt.

Wir wählen 2nd + sin um eine Gleichung einzugeben.

DEG
Enter equation to solve.

Wir geben folgende Gleichung ein:

$$7x + 15 = 1\,.$$

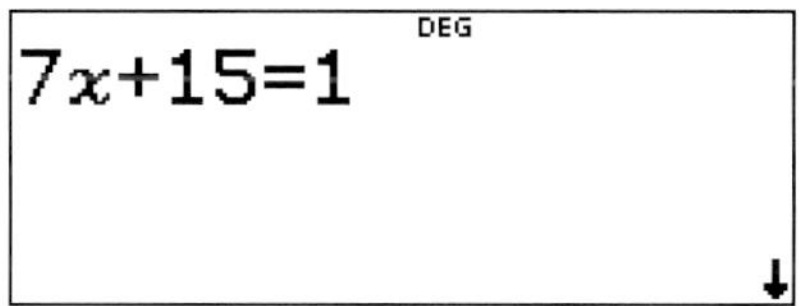

Die Variablen befindet sich auf der Variablentaste links.
Falls sich mehrere Variablen in der Gleichung befinden, können wir alle bis zur gesuchten Variablen eingeben.
In unserem Beispiel ist das nicht nötig.

Für den Fall, dass mehrere Variablen in der Gleichung enthalten sind, müssen wir nun diejenige wählen, die wir berechnen wollen. Das ist in diesem Fall: **x**.

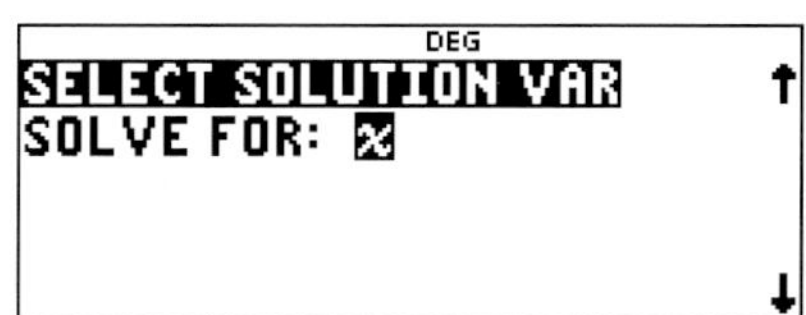

Numerische Lösung bedeutet auch, dass der Rechner nach einer Lösung „sucht". Daher müssen wir einen Bereich festlegen. Der angegebene Bereich reicht in aller Regel aus.

Nach einem weiteren Drücken der Taste **enter,** wenn **SOLVE** markiert ist, liefert der Rechner uns das Ergebnis: $x = -2$.

7.3 Quadratische und Kubische Gleichungen lösen mit poly-solv

Die quadratische Gleichung:

$$4x^2 - 16x + 12 = -4$$

soll gelöst werden. Hierzu müssen wir die -4 von der rechten Seite nach links bringen. Durch Umformung lautet die Gleichung dann:

$$4x^2 - 16x + 16 = 0 \ .$$

Jetzt können wir die Parameter $a = 4$, $b = -16$, $c = 16$ eingeben.

Wir geben die Parameter ein und schließen immer mit der Taste **enter** ab.

Es erscheint die 1. Lösung, $x1 = 2$ und rechts unten ein Pfeil. Drücken wir die Pfeiltaste nach unten sehen wir die 2. Lösung, $x2 = 2$.

Es handelt sich hiermit um eine doppelte Nullstelle. Die linke Seite der Gleichung lässt sich umformen in:

$$4 \cdot (x^2 - 4x + 4) = 4 \cdot (x - 2)^2 \ .$$

Wähle **2nd + poly-solv** und **1.**

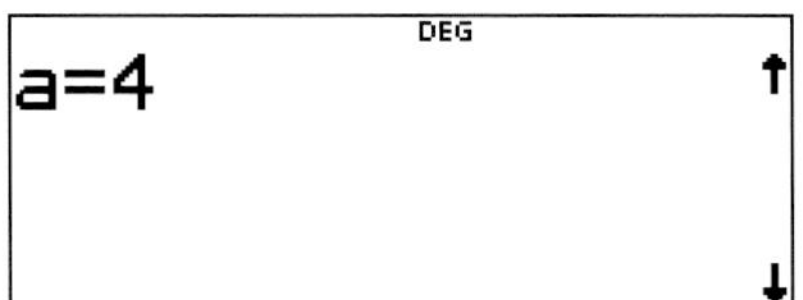

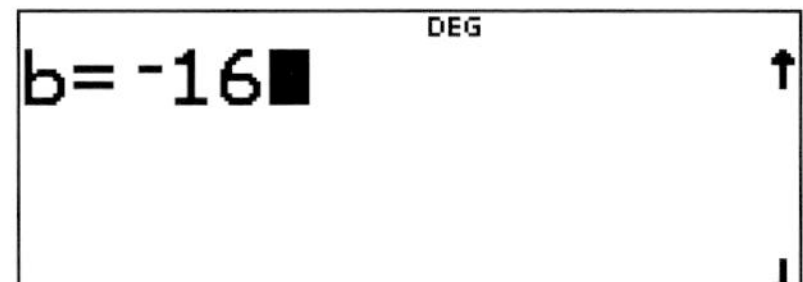

DEG

c=16

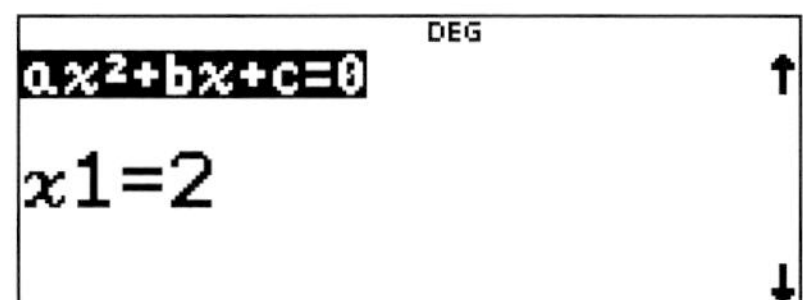

7.3.1 Quadratische Gleichung mit 2 verschiedenen Lösungen

Wir geben die Parameter für die folgende Gleichung ein:

$x^2 - 5x + 6 = 0$, $a = 1$, $b = -5$, $c = 6$.

Es wird zunächst die 1. Lösung angezeigt, $x1 = 3$.
Wir drücken die Pfeiltaste nach unten und es erscheint die
2. Lösung, $x2 = 2$.

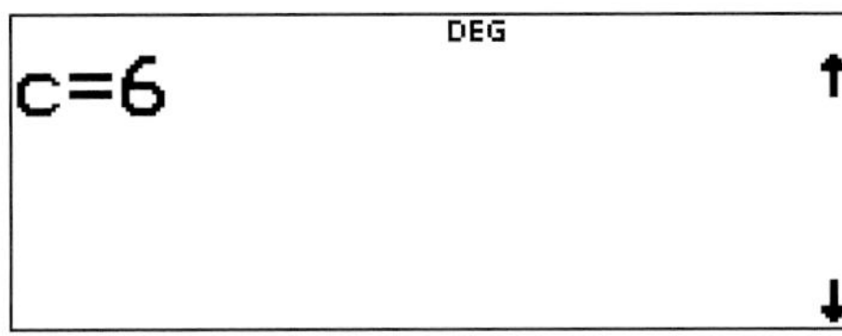

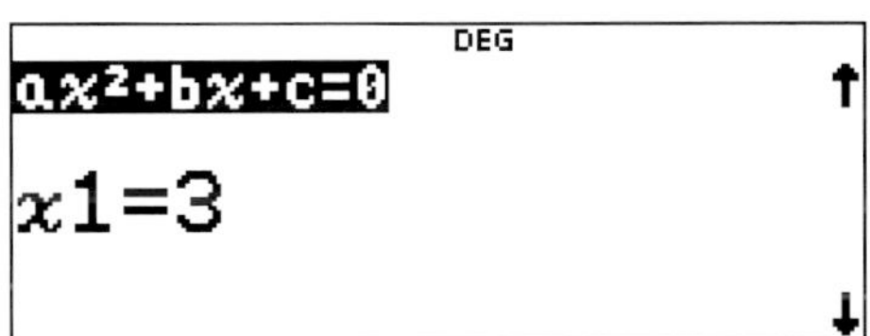

DEG
ax²+bx+c=0
x2=2

7.4 Lineare Gleichungssysteme lösen mit sys-solv

7.4.1 Eindeutige Lösung

Wir wählen mit **2nd + tan** die Funktion „**Gleichungssysteme**“ **(sys-solv)** und **2: 3x3 Linear Sys** (3 Gleichungen mit 3 Unbekannten).

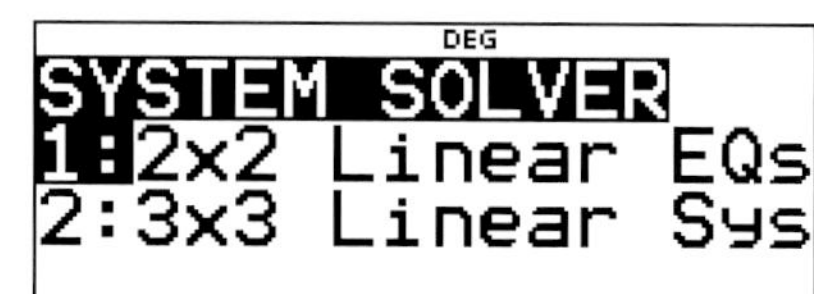

Wir lösen das Gleichungssystem mit 3 Unbekannten:

(1) $3 \cdot x + 5 \cdot y + 4 \cdot z = 10$

(2) $2 \cdot x - y + 5 \cdot z = -9$

(3) $x + y + z = 3$

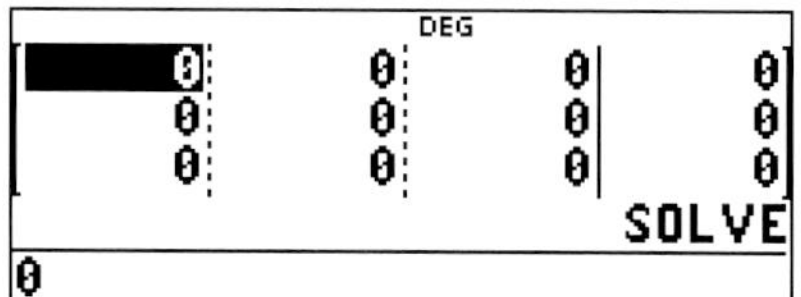

Hierzu geben wir alle Parameter nacheinander ein und schließen jeweils mit der Taste **enter** ab.

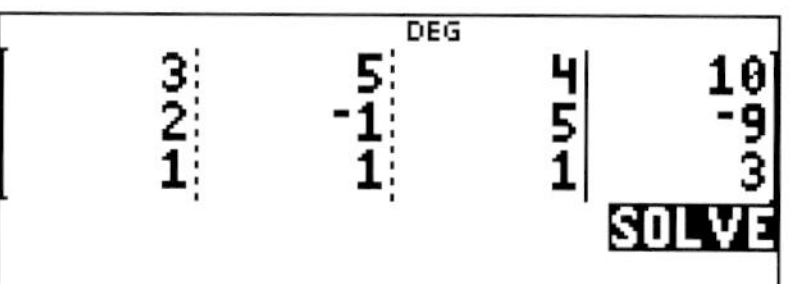

Wenn alle Werte eingegeben sind und sich der Cursor auf **SOLVE** befindet, schließen wir mit **enter** ab.

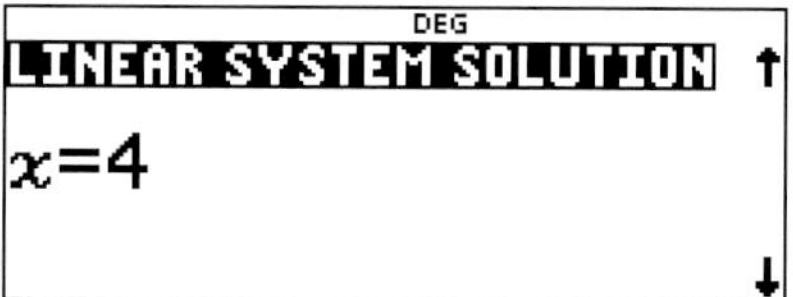

Es erscheint die erste Lösung, mit den Pfeiltasten klicken wir nach unten, um die zweite und die dritte Lösung zu erhalten.

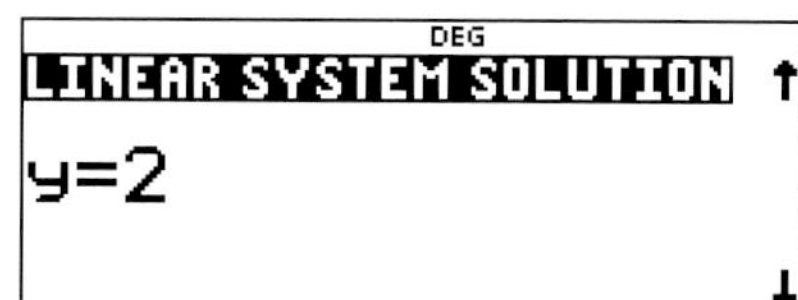

In unserem Beispiel:

$x = 4, y = 2, z = -3$.

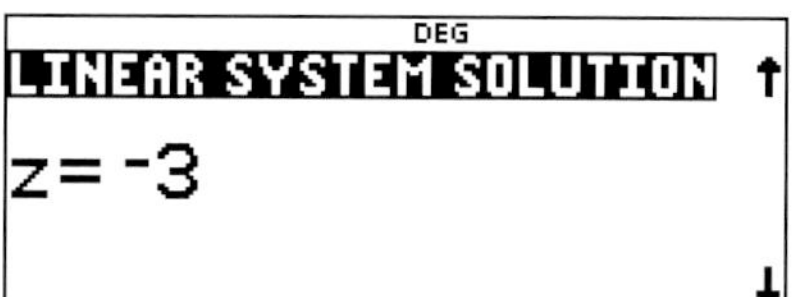

7.4.2 Gleichungssystem ohne Lösung

Probiere es mit dem folgenden Gleichungssystem auf die gleiche Art:

(1) $4x - y + z = 0$
(2) $3x - 3y + 3z = 5$
(3) $-x + y - z = 0$

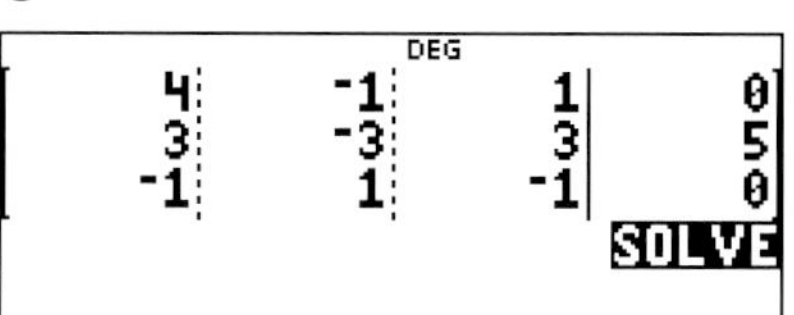

Wenn alle Parameter korrekt eingegeben wurden, sollte der Rechner anzeigen, dass es keine Lösung gibt.

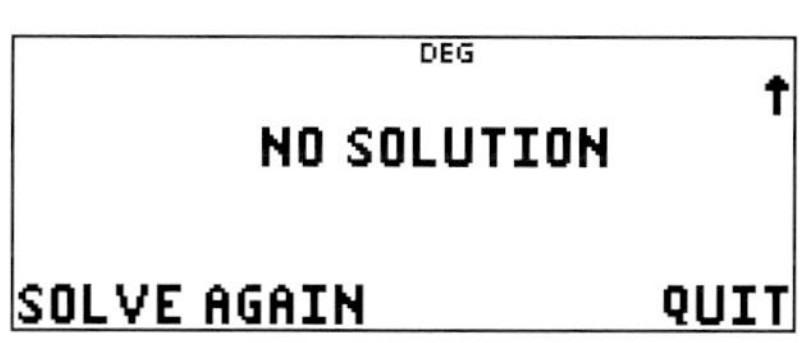

7.4.3 Unendlich viele Lösungen

Manche Gleichungssysteme besitzen unendlich viele Lösungen.
In diesem Falle wird auch das vom System angezeigt.

7.5 Übungen – Gleichungen und Gleichungssysteme

1. Löse die folgenden quadratischen Gleichungen

   a) $x^2 + 10x + 24 = 0$ b) $x^2 + 8x + 20 = 4$

2. Löse die folgenden Gleichungssysteme

   a)
   (I) $2x + 3y = 14$
   (II) $x - 3y = 10$

   b)
   (I) $2x - 2y + 4z = 5$
   (II) $6x - 4z = 20$
   (III) $x - 2y = 39$

Lösungen zu diesen Aufgaben auf Seite 100

8 Analysis

8.1 Ableitung einer Funktion $f(x)$ an einer Stelle x_0

Wir bestimmen die Steigung (1. Ableitung) an der Stelle x_0 von $f(x)$.

Gegeben ist die Funktion:

$$f(x) = x^3 + 4x^2 - 3x + 1, x_0 = 2 .$$

Die klassische Rechnung lautet:

$$f'(x) = 3x^2 + 8x - 3,$$

$$f'(2) = 3 \cdot 2^2 + 8 \cdot 2 - 3 = 25 .$$

Die Ableitung einer Funktion geben wir mit der Taste **2nd +** **ln log** ein.

Es erscheint der Term für die Ableitung mit Platzhaltern und wir können die Funktion sowie den Funktionswert eingeben.

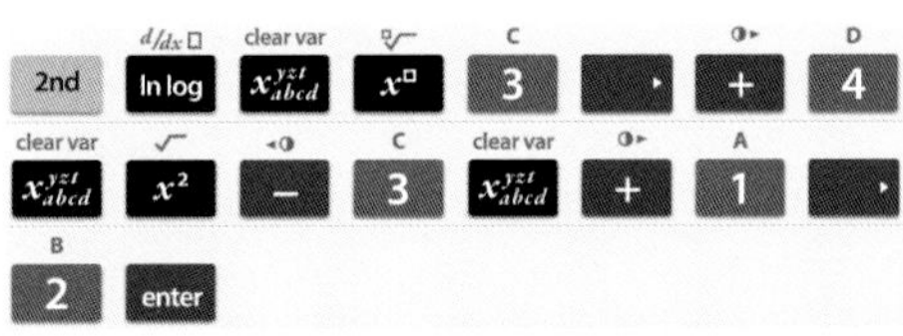

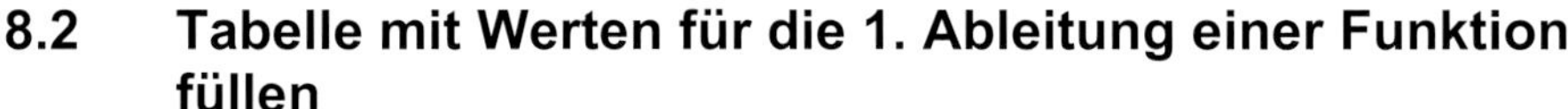

8.2 Tabelle mit Werten für die 1. Ableitung einer Funktion füllen

Wir erstellen für die 1. Ableitung der Funktion: $f(x) = x^3 + 4x^2 - 3x + 1$

eine Tabelle.

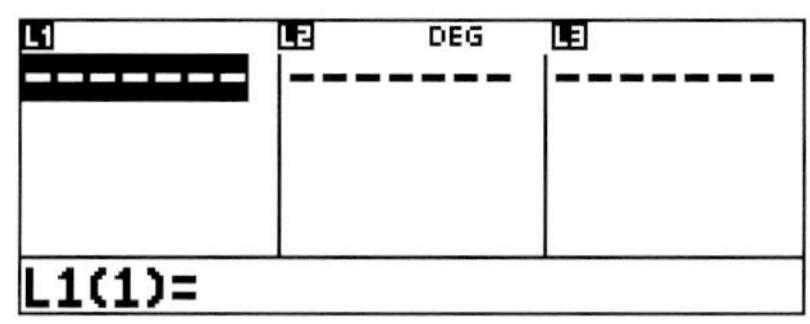

Wir starten mit der Taste **data** und leeren wenn nötig die Tabelle des Rechners. Anschließend drücken wir **table**, um die Ableitung der Funktion als Formel zu hinterlegen. Wir drücken: **1: Add/Edit Func**.

Im Funktionsterm geben wir die Zeichen für den Differenzenquotienten **d/dx** mit der Taste **2nd + ln log** ein. In die Klammer tragen wir die Funktion ein, bei **x =** geben wir wieder **x** ein (siehe Bild!). Die anschließend abgefragte Funktion **g(x)** überspringen wir mit der Taste **enter**.

Im nächsten Fenster geben wir die Parameter für die x-Werte ein. In unserem Beispiel:

Startwert: -10
Schrittweite: 1

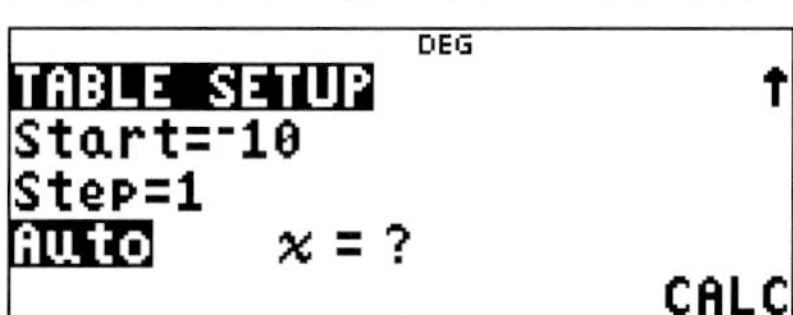

Mit **CALC** wird die Berechnung gestartet. Durch die Tabelle kann man sich mit den Pfeiltasten bewegen.

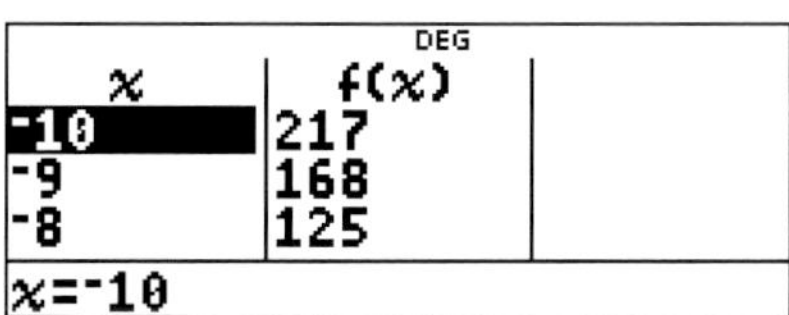

Beachte! In dieser Aufgabe wurde als Funktion **f(x)** (**Spaltenüberschrift 2**) immer der Wert der Ableitung berechnet. Bei **x = -3** ist die Ableitung null.

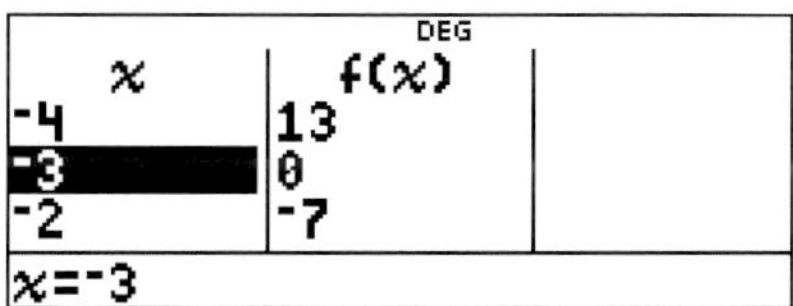

8.3 Extremstellen bestimmen

Der Rechner kann den Term der 1. Ableitung nicht bestimmen. Daher muss der Funktionsterm der 1. Ableitung klassisch bestimmt werden. Anschließend bedeutet die Bestimmung von Hoch- oder Tiefpunkt das Lösen einer Gleichung. Wir bleiben bei der Funktion aus dem vorangegangenen Abschnitt:

$f(x) = x^3 + 4x^2 - 3x + 1$. Die 1. Ableitung lautet: $f'(x) = 3x^2 + 8x - 3$.

Wir wollen mit dem Rechner die Gleichung:

$$3x^2 + 8x - 3 = 0$$

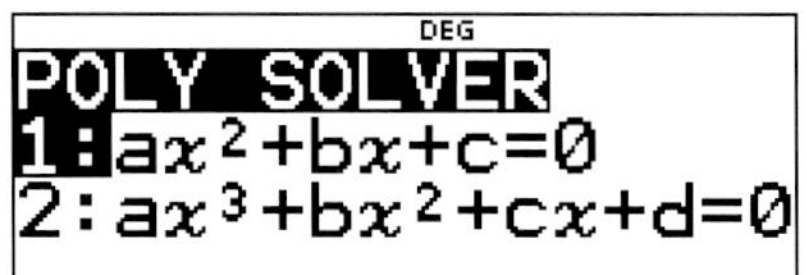

lösen. Wir wählen mit der Tastenkombination **2nd + cos** die Funktion **poly-solv**. Die quadratische Gleichung lösen wir, indem wir nacheinander die Parameter: $a = 3,\ b = 8,\ c = -3$ eingeben.

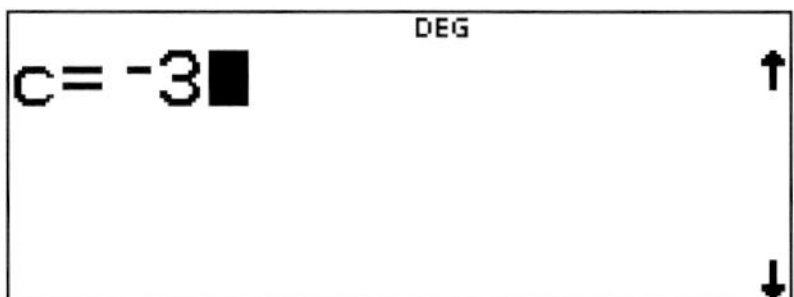

Als Lösung und damit als Extremstellen erhalten wir:

$$x_1 = \frac{1}{3},\ \ x_2 = -3\ .$$

DEG
ax²+bx+c=0
x2= -3

$x_1 = \frac{1}{3}$: **Tiefpunkt**

$x_2 = -3$: **Hochpunkt**

8.4 Wendestelle einer Funktion ermitteln

Die Bestimmung der Wendestellen läuft auf das Lösen einer Gleichung hinaus. Wir bleiben bei der Beispielfunktion aus den vorangegangenen Abschnitten:

$$f(x) = x^3 + 4x^2 - 3x + 1$$

Die 1. Ableitung lautet: $f'(x) = 3x^2 + 8x - 3$.

Die 2. Ableitung lautet: $f''(x) = 6x + 8$.

Wir lösen die Gleichung: $6x + 8 = 0$.

Hierzu geben wir die Gleichung über die Tastenkombination **2nd + sin = num-solv** ein.

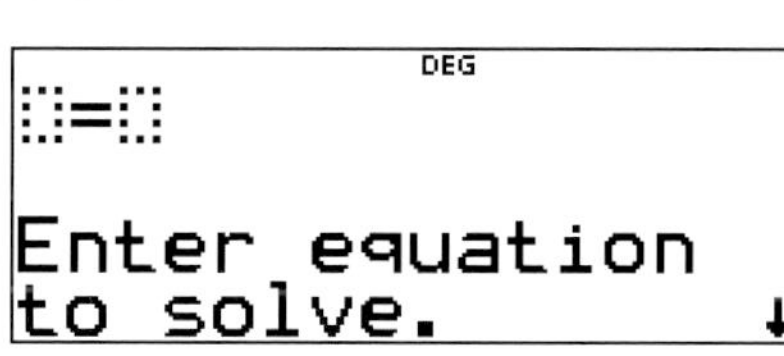

6x+8=0

Nach Abschluss mit der Taste **enter** erscheint in unserem Beispiel: **x=4**.

Dieser Wert stammt noch aus einer früheren Eingabe und soll uns nicht stören. Wir klicken weiter durch die nächsten zwei Fenster und erhalten die Lösung:

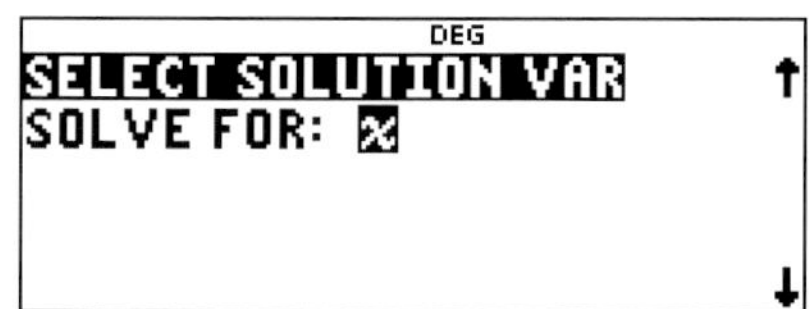

$$x = -1{,}3333\ldots = -\frac{4}{3}$$

Mit der Umschalttaste erhalten wir das Ergebnis als Bruch.

Die Wendestelle liegt bei: $x = -\frac{4}{3}$.

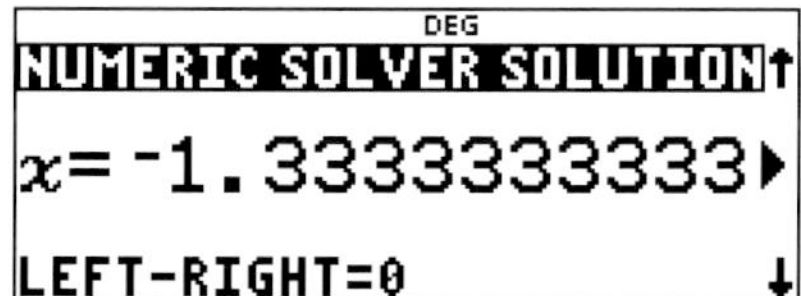

8.5 Bestimmtes Integral

Die Bestimmung des Integrals einer Funktion in den Grenzen **a** und **b** können wir über die Zweitbelegung der Taste $e^{\square}10^{\square}$ ausführen.

Wir wollen das Integral der Funktion $f(x) = 2x^2 - x$ in den Grenzen von 1 bis 4 berechnen.

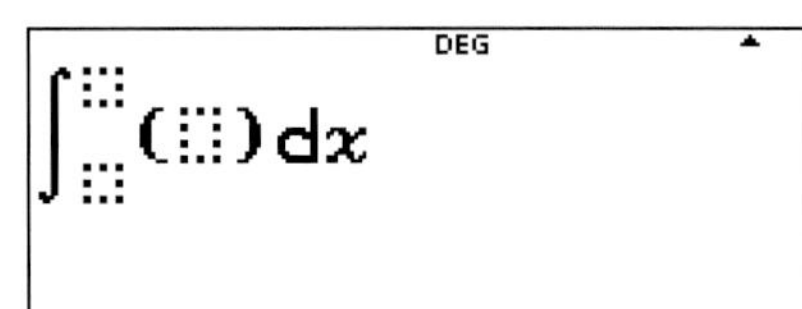

Klassische Rechnung:

$$\int_1^4 (2x^2 - x)dx =$$

$$\left[\frac{2}{3}x^3 - \frac{1}{2}x^2\right]_1^4 = 34\frac{2}{3} - \frac{1}{6} = 34{,}5$$

Beachte! Das bestimmte Integral berechnet **NICHT** den Flächeninhalt zwischen Graph und x-Achse, wenn Nullstellen existieren. Dann muss abschnittsweise zwischen den Nullstellen das Integral bestimmt werden!

8.6 Fläche zwischen den Graphen von zwei Funktionen

Der Flächeninhalt zwischen zwei Funktionen $f(x)$ und $g(x)$ kann **nur** dann als Integral der Differenz der beiden Funktionen $f(x) - g(x)$ berechnet werden, wenn

- die beiden Graphen sich in den Berechnungsgrenzen nicht schneiden.
- keine Nullstellen haben.
- $f(x)$ in den Berechnungsgrenzen stets größer als $g(x)$ ist.

Beachte! Diese Bedingungen bzw. Einschränkungen liegen fast immer vor, sodass immer zuerst alle Nullstellen und die Schnittpunkte der beiden Graphen berechnet werden sollten, bevor eine Integration erfolgt!

8.7 Volumen von Rotationskörpern

Stellen wir uns den Graphen einer Funktion um die x-Achse rotierend vor. Hierbei ist besonders zu beachten, dass **keine Nullstellen** vorliegen.

Dann berechnen wir „**Kreis-Scheibchen**" mit dem Radius des x-Wertes.

Für eine Kreisscheibe rechnen wir mit dem Zylindervolumen:

$$dV = x^2 \cdot \pi \cdot dx \ .$$

Diese Volumenstückchen werden mit dem Integral aufsummiert. Daher gilt für das Rotationsvolumen einer Funktion $f(x)$:

$$V = \pi \cdot \int_a^b \left(f(x)\right)^2 \cdot dx \ .$$

Betrachten wir die proportionale Funktion $f(x) = 0{,}5 \cdot x$. Rotiert der Graph dieser Geraden in den Grenzen von 0 bis 5, ergibt sich ein Kegel mit der Höhe $h = 5$ und dem Radius $r = f(5) = 2{,}5$.

Klassisch als Kegel:

$$V = \frac{1}{3} \cdot r^2 \cdot \pi \cdot h = \frac{1}{3}\pi \cdot 2{,}5^2 \cdot 5 \approx 32{,}7.$$

Als Integral:

$$V = \pi \int_0^5 (0{,}5x)^2 dx = \pi \cdot \int_0^5 0{,}25x^2 dx$$

$$= \pi \cdot \left[\frac{1}{12}x^3\right]_0^5 = \pi \cdot \frac{125}{12} \approx 32{,}7$$

Mit der Integralfunktion:

```
DEG
π*∫₀⁵((0.5x)²)dx ▮
```

```
DEG
π*∫₀⁵((0.5x)²)dx
        32.72492347
```

Beachte! Bei der Eingabe ist eine zusätzliche Klammer nötig, um das Quadrat eingeben zu können! (Siehe Bild!)

9 Vektorrechnung

9.1 Einfache Vektoroperationen: Betrag, Abstand, Summe

Zur Berechnung von Vektorsummen, der Länge von Vektoren, Skalarprodukt und Vektorprodukt finden wir die zur Verfügung stehenden Funktionen über die Tasten

2nd + EE

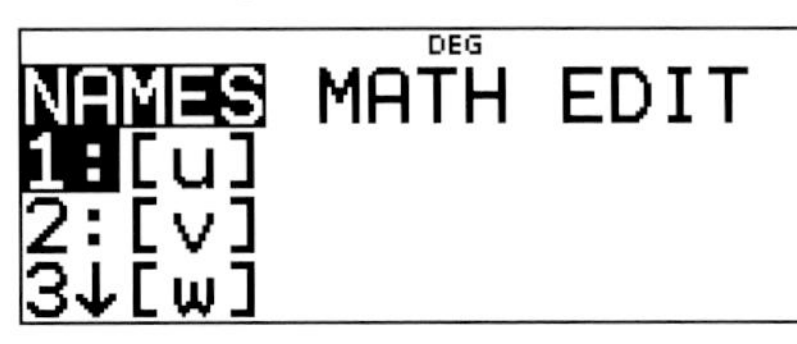

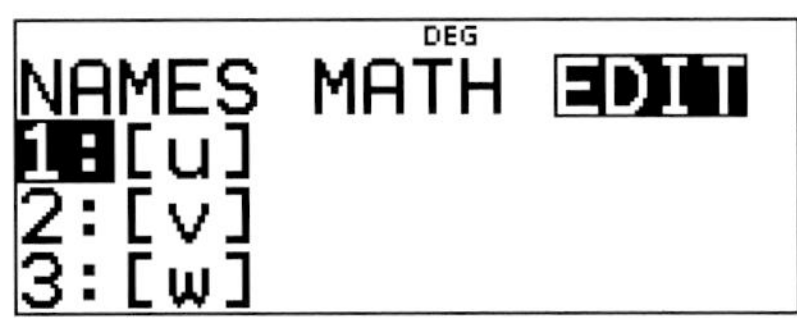

In der oberen Zeile sehen wir 3 Bereiche.

NAMES: Vektoren aufrufen und in Berechnungen einbauen

MATH: Mathematische Operationen mit Vektoren aufrufen

EDIT: Vektoren eingeben und ändern

9.1.1 Vektoren im Vektorspeicher hinterlegen

Wir können 3 Vektoren (u, v, w) definieren. Nur mit diesen Vektoren können wir anschließend rechnen. Mit **2nd + EE** gehen wir ins Vektorfenster und mit den Pfeiltasten wählen wir **EDIT** aus.

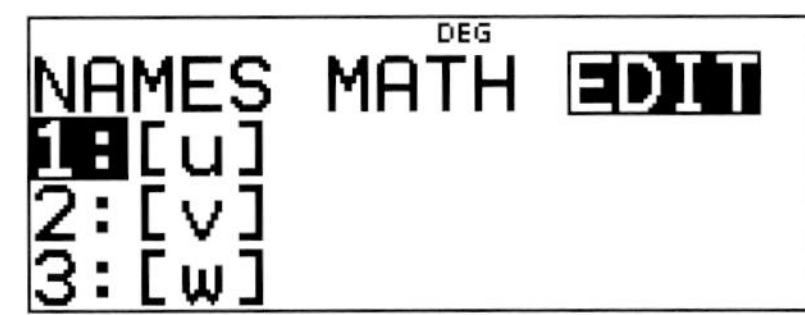

Wir geben die beiden Vektoren ein:

$$\vec{u}=\begin{pmatrix}1\\3\\5\end{pmatrix},\quad \vec{v}=\begin{pmatrix}0\\1\\-3\end{pmatrix}.$$

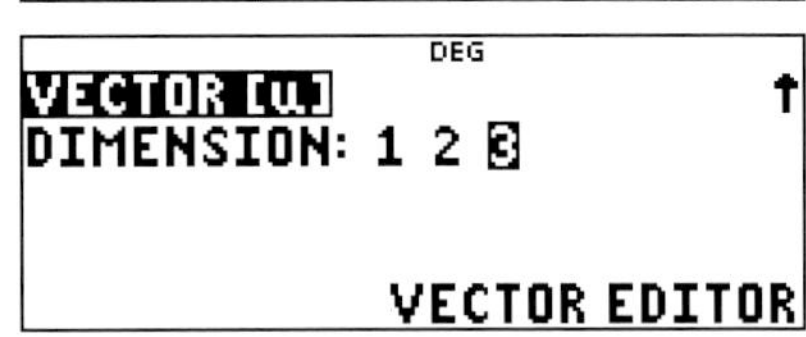

Wir wählen **1** für **VECTOR[u]** und 3 für **3 Dimensionen**. Anschließend geben wir die Komponenten des Vektors ein.

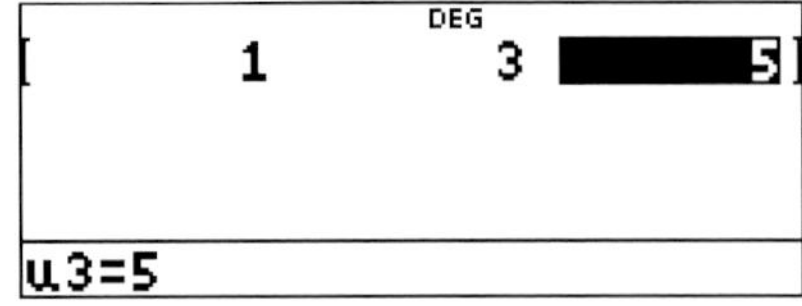

Analog geben wir den zweiten Vektor ein. Wir wählen **2** für **VECTOR[v]** und **3** für **3 Dimensionen**. Anschließend geben wir wieder die Komponenten des Vektors ein.

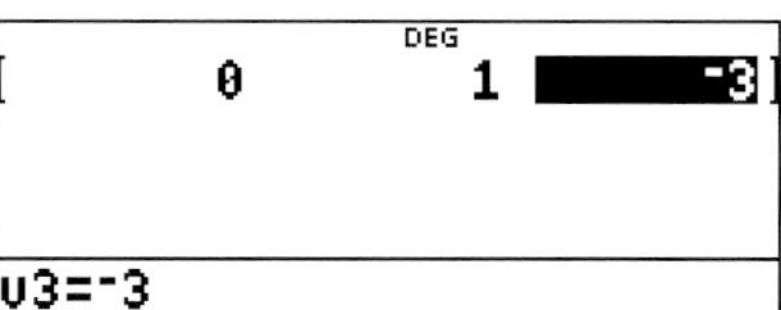

9.1.2 Der Betrag eines Vektors

Für Berechnungen mit Vektoren drücken wir die Vektortaste 2nd + EE und wählen **MATH**.
Mit **3:norm magnitude** können wir den Betrag eines Vektors berechnen.

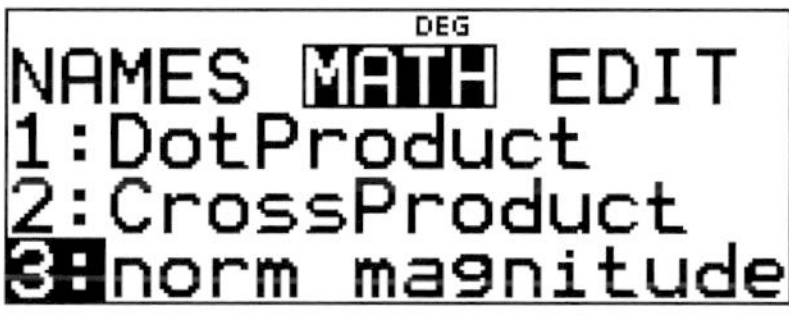

In das Argument von **norm(** geben wir den Vektor ein, indem wir wieder die Vektortaste drücken und dort unter **NAMES** den Vektor **u** auswählen.

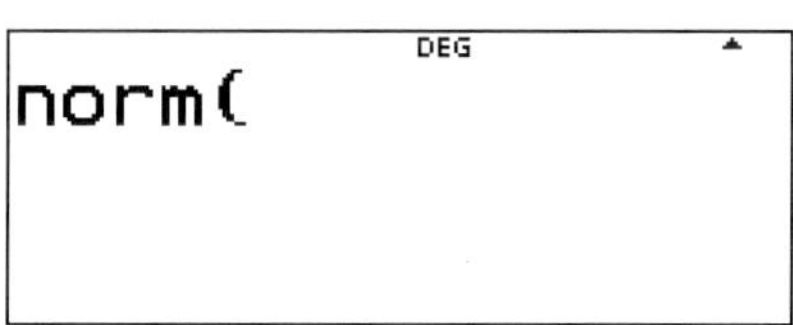

Zum Vektor $\vec{u}=\begin{pmatrix}1\\3\\5\end{pmatrix}$

die Länge klassisch berechnet:

$$\sqrt{1^2+3^2+5^2}=\sqrt{35}\approx 5{,}916\,..$$

9.1.3 Abstand von zwei Vektoren, Addition, Subtraktion

Wir berechnen den Abstand der beiden Vektoren $\vec{u}$ und $\vec{v}$, die wir unter **[u]** und **[v]** gespeichert haben. Der **Abstand von zwei Vektoren** ergibt sich als Betrag der Differenz der Ortsvektoren:

DEG
norm([v]-[u])
√69

$$\overline{|UV|} = |\vec{v} - \vec{u}\,| = \left|\begin{pmatrix}0\\1\\-3\end{pmatrix} - \begin{pmatrix}1\\3\\5\end{pmatrix}\right|$$

$$= \left|\begin{pmatrix}-1\\-2\\-8\end{pmatrix}\right| = \sqrt{69} \approx 8{,}3$$

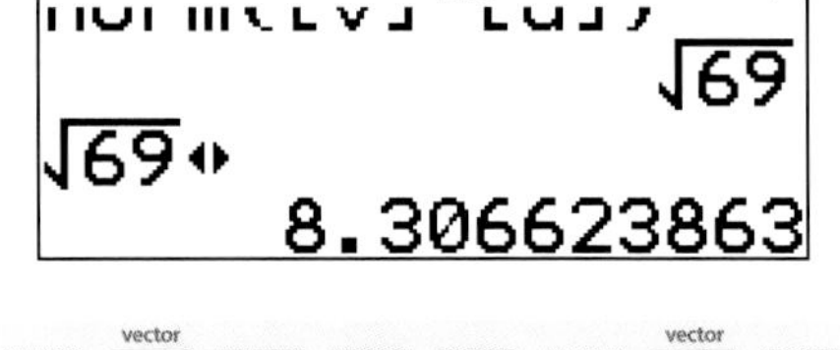

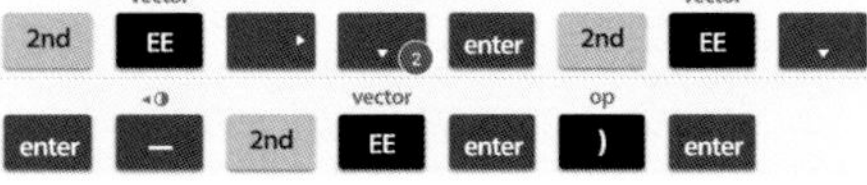

9.2 Das Skalarprodukt (DotProduct)

Wir berechnen das **Skalarprodukt** der beiden Vektoren $\vec{u}$ und $\vec{v}$:

$$\vec{u} \cdot \vec{v} = \begin{pmatrix}1\\3\\5\end{pmatrix} \cdot \begin{pmatrix}0\\1\\-3\end{pmatrix}$$

$$= 0 + 3 - 15 = -12\,.$$

DEG
DotP([u],[v])
-12

Im Rechner rufen wir mit der Vektortaste **2nd + EE** auf, mit den Pfeiltasten wählen wir **MATH** und anschließend **1:DotProduct** aus.

In die Klammern geben wir die beiden Vektoren **[u]** und **[v]** ein. Das Komma zwischen den beiden Vektoren geben wir mit **2nd + .** ein.

9.3 Das Vektorprodukt (Kreuzprodukt = CrossProduct)

Wir berechnen das **Vektorprodukt** der beiden Vektoren $\vec{u}$ und $\vec{v}$:

$$\vec{u} \times \vec{v} = \begin{pmatrix} 1 \\ 3 \\ 5 \end{pmatrix} \times \begin{pmatrix} 0 \\ 1 \\ -3 \end{pmatrix} = \begin{pmatrix} -14 \\ 3 \\ 1 \end{pmatrix}$$

In der Klammer werden die Vektoren **[u]** und **[v]** mit einem Komma getrennt!

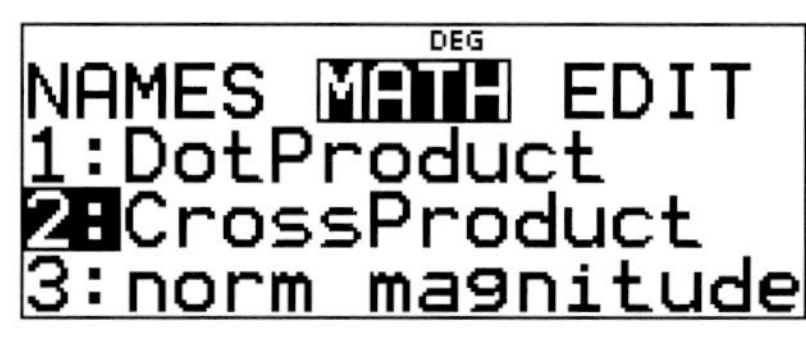

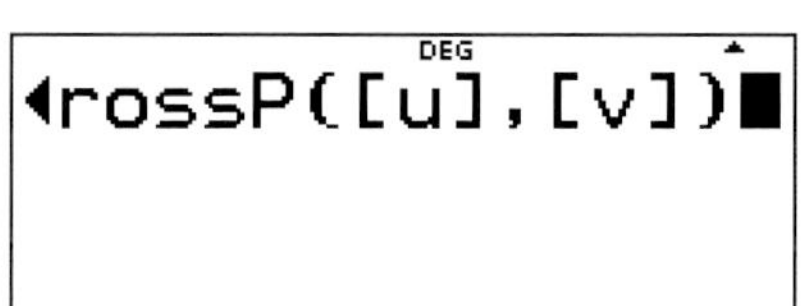

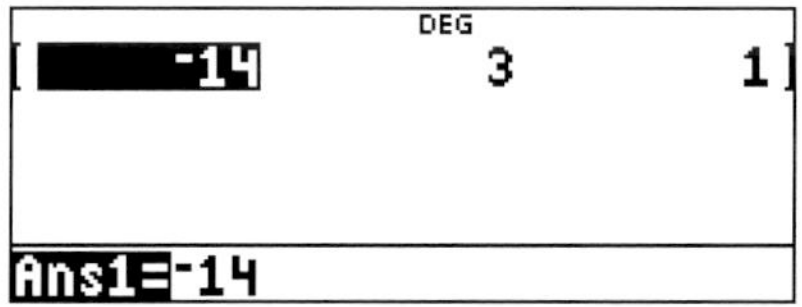

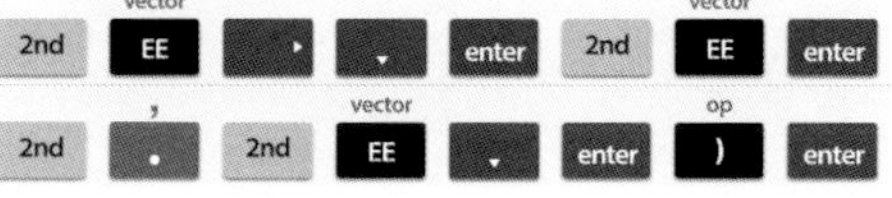

9.4 Standardaufgaben der Vektorrechnung

9.4.1 Lineare Abhängigkeit von Vektoren

Drei Vektoren sind linear unabhängig, wenn durch nur eine mögliche Linearkombination aller drei Vektoren der Nullvektor gebildet werden kann.

Alle Koeffizienten der Linearkombination müssen Null sein!

Das läuft auf das Lösen eines linearen Gleichungssystems heraus.

Sind die drei Vektoren $\vec{a}$, $\vec{b}$, $\vec{c}$ linear abhängig oder unabhängig ?

$$\vec{a} = \begin{pmatrix} 4 \\ 0 \\ -1 \end{pmatrix}, \vec{b} = \begin{pmatrix} 1 \\ -2 \\ -5 \end{pmatrix}, \vec{c} = \begin{pmatrix} -2 \\ -2 \\ 0 \end{pmatrix}$$

Bei linearer Unabhängigkeit gibt es nur eine Lösung $(\alpha; \beta; \gamma) = (0; 0; 0)$ **für das Gleichungssystem:**

$$\alpha \cdot \begin{pmatrix} 4 \\ 0 \\ -1 \end{pmatrix} + \beta \cdot \begin{pmatrix} 1 \\ -2 \\ -5 \end{pmatrix} + \gamma\backslash cdot \begin{pmatrix} -2 \\ -2 \\ 0 \end{pmatrix} = \begin{pmatrix} 0 \\ 0 \\ 0 \end{pmatrix}$$

Wir lösen das lineare Gleichungssystem mit dem Rechner:

(1) $4\alpha + \beta - 2\gamma = 0$

(2) $-2\beta - 2\gamma = 0$

(3) $-\alpha - 5\beta = 0$

Wir erhalten als Lösung:

$\alpha = 0, \beta = 0, \gamma = 0$.

Die Vektoren sind linear unabhängig!

2nd + tan = sys-solv

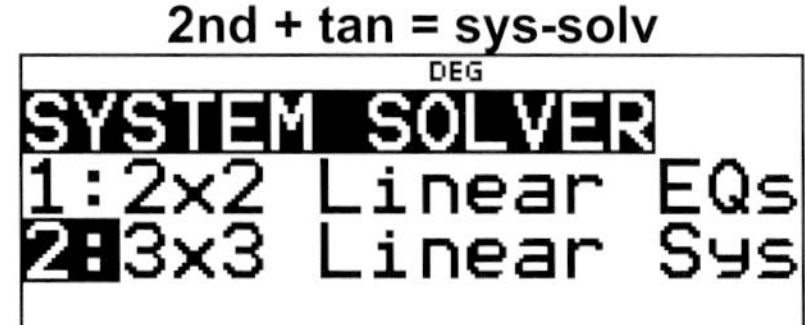

3 Gleichungen mit 3 Unbekannten

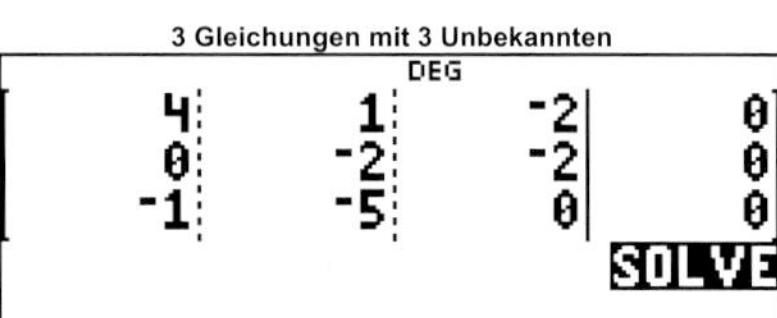

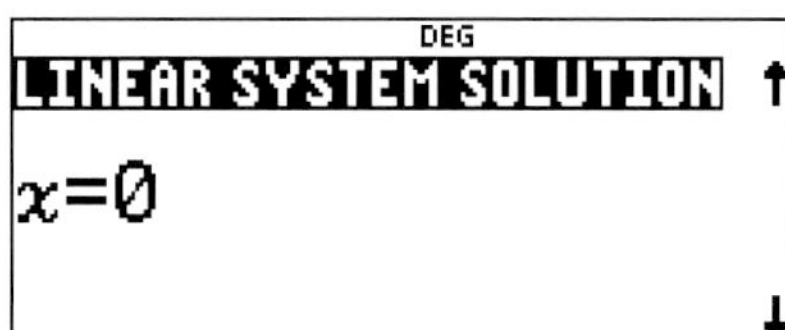

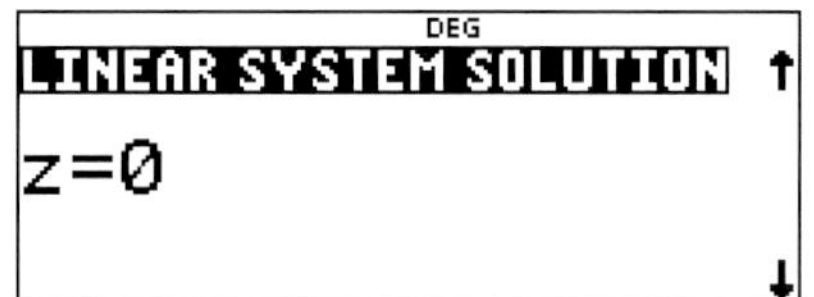

9.4.2 Punktprobe Gerade: Liegt ein Punkt auf einer Geraden?

Wir prüfen ob der Punkt **P (1|3|-2)** auf der Geraden **g** liegt, die in Parameterform vorliegt:

$$g\colon \vec{x} = \begin{pmatrix} 4 \\ 2 \\ 1 \end{pmatrix} + \lambda \cdot \begin{pmatrix} -3 \\ 1 \\ -3 \end{pmatrix}.$$

Gleichung eingeben über
2nd + sin = num-solv.

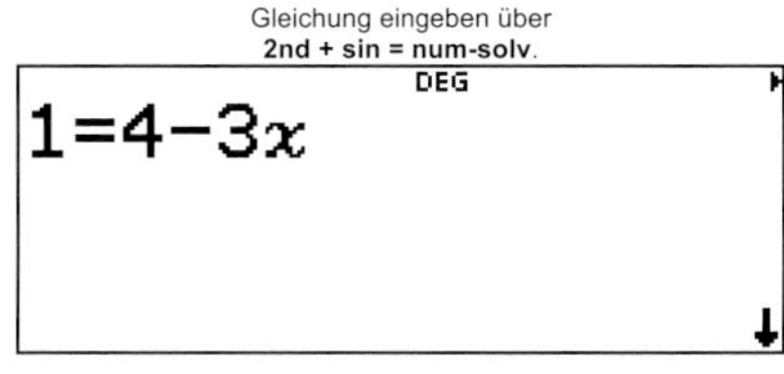

Wir setzen den Punkt **P** in die Gleichung ein und müssen das folgende Gleichungssystem lösen:

$$\begin{pmatrix} 1 \\ 3 \\ -2 \end{pmatrix} = \begin{pmatrix} 4 \\ 2 \\ 1 \end{pmatrix} + \lambda \cdot \begin{pmatrix} -3 \\ 1 \\ -3 \end{pmatrix}.$$

DEG
3=2+x

Wir lösen die 1. Gleichung und prüfen die beiden anderen mit dem erhaltenen Ergebnis.

Die erste Zeile (Gleichung) hat als Lösung $x = 1$ bzw. in unserer Gleichung $\lambda = 1$.

Wir lösen die 2. und 3. Gleichung auf dem gleichen Weg und vergleichen die Ergebnisse.

DEG
-2=1−3x

Beide Gleichungen werden durch $\lambda = 1$ bzw. $x = 1$ gelöst.

DEG
NUMERIC SOLVER SOLUTION
x=1
LEFT-RIGHT=0

9.4.3 Abstand Punkt - Gerade

Den Abstand eines Punktes **P** von einer Geraden **g** bestimmen wir mit einer Hilfsebene, die durch den Punkt **P** verläuft. In diesem Fall ist der Richtungsvektor der Geraden ein Normalenvektor der Ebene. Mit dieser Hilfsebene bestimmen wir den Lotfußpunkt als Schnittpunkt der Ebene mit der Geraden.

Der Abstand des Lotfußpunktes zu Punkt **P** ist der gesuchte Abstand des Punktes von der Geraden!

Wir berechnen hier Schritt für Schritt den Abstand des Punktes

P (1| 4| 1) von der Geraden $g\colon \vec{x} = \begin{pmatrix} -1 \\ 0 \\ 2 \end{pmatrix} + \lambda \cdot \begin{pmatrix} 2 \\ 1 \\ -1 \end{pmatrix}$.

Der Richtungsvektor der Geraden **g** ist ein Normalenvektor der senkrechten Ebene, durch den Punkt **P**. Es gilt für diese Ebene die Punkt-Normalenform:

$$\vec{n} \cdot (\vec{x} - \vec{p}) = 0 \ .$$

Wir setzen ein:

$$\begin{pmatrix} 2 \\ 1 \\ -1 \end{pmatrix} \cdot \left(\begin{pmatrix} x_1 \\ x_2 \\ x_3 \end{pmatrix} - \begin{pmatrix} 1 \\ 4 \\ 1 \end{pmatrix} \right) = 0 \ .$$

Wenn wir diese Gleichung ausrechnen erhalten wir eine Ebenengleichung in Koordinatenform: $2x_1 + x_2 - x_3 - 5 = 0$.

Allerdings setzen wir die Geradengleichung in die Normalengleichung ein, um den Lotfußpunkt zu erhalten:

$$\begin{pmatrix} 2 \\ 1 \\ -1 \end{pmatrix} \cdot \left(\begin{pmatrix} -1 \\ 0 \\ 2 \end{pmatrix} + \lambda \cdot \begin{pmatrix} 2 \\ 1 \\ -1 \end{pmatrix} - \begin{pmatrix} 1 \\ 4 \\ 1 \end{pmatrix} \right) = 0 \ .$$

Ausmultipliziert führt uns diese Gleichung auf eine Gleichung mit einer Unbekannten, die wir mit dem Rechner lösen wollen:

$$\begin{pmatrix} 2 \\ 1 \\ -1 \end{pmatrix} \cdot \begin{pmatrix} -1 \\ 0 \\ 2 \end{pmatrix} + \lambda \cdot \begin{pmatrix} 2 \\ 1 \\ -1 \end{pmatrix} \cdot \begin{pmatrix} 2 \\ 1 \\ -1 \end{pmatrix} - \begin{pmatrix} 2 \\ 1 \\ -1 \end{pmatrix} \cdot \begin{pmatrix} 1 \\ 4 \\ 1 \end{pmatrix} = 0$$

$$\Leftrightarrow \ 6\lambda - 9 = 0$$

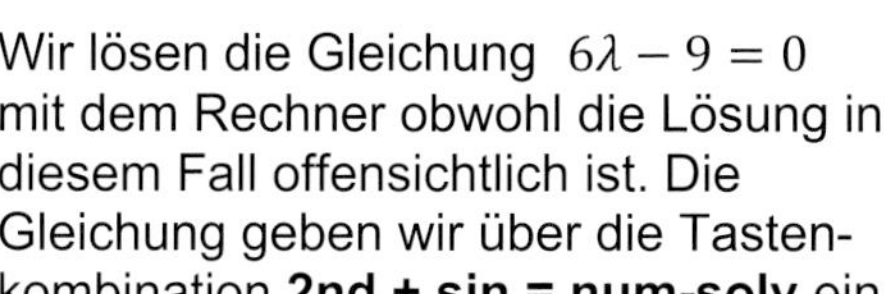

Wir lösen die Gleichung $6\lambda - 9 = 0$ mit dem Rechner obwohl die Lösung in diesem Fall offensichtlich ist. Die Gleichung geben wir über die Tastenkombination **2nd + sin = num-solv** ein.

DEG
6x−9=0

Wir erhalten die Lösung:

$$x = \lambda = \frac{9}{6} = 1{,}5$$

DEG
NUMERIC SOLVER SOLUTION
x=1.5
LEFT-RIGHT=0

Wir setzen λ in die Geradengleichung ein und erhalten den Lotfußpunkt:

$$\vec{x} = \begin{pmatrix} -1 \\ 0 \\ 2 \end{pmatrix} + 1{,}5 \cdot \begin{pmatrix} 2 \\ 1 \\ -1 \end{pmatrix} = \begin{pmatrix} 2 \\ 1{,}5 \\ 0{,}5 \end{pmatrix}.$$

Lotfußpunkt: $L(2\,|1{,}5|0{,}5)$

Punkt: $P(1\,|4\,|1\,)$

Wir geben die beiden Punkte als Vektoren ein und berechnen anschließend ihren Abstand:

[u]: $\vec{l} = \begin{pmatrix} 2 \\ 1{,}5 \\ 0{,}5 \end{pmatrix}$

[v]: $\vec{p} = \begin{pmatrix} 1 \\ 4 \\ 1 \end{pmatrix}$

Der Abstand von **L** zu **P beträgt**: $|\overrightarrow{p - \vec{l}}| \approx 2{,}74$.

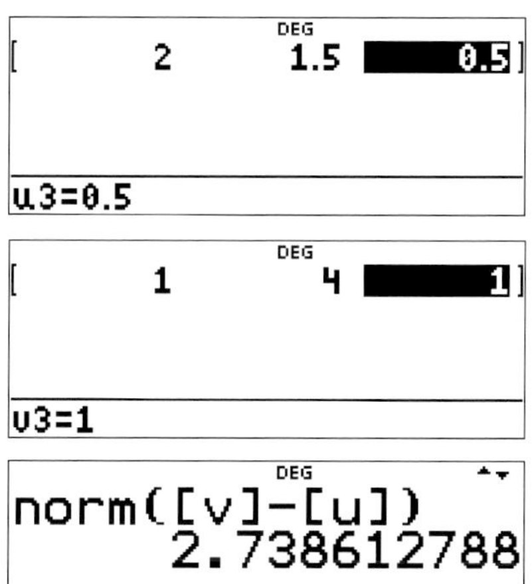

9.4.4 Ebene von Koordinatenform in Normalenform umwandeln

Von einer Ebene sei die Koordinatenform: $2x_1 + 3x_2 + x_3 = 10$ gegeben.

Dann kann ein Normalenvektor abgelesen werden: $\vec{n} = \begin{pmatrix} 2 \\ 3 \\ 1 \end{pmatrix}$.

Für die Normalenform benötigen wir nur noch einen Punkt, d. h. wir setzen einfach $x_2 = 0$, $x_3 = 0$ und lösen die verbleibende Gleichung:

$$2x_1 = 10 \quad \Leftrightarrow \quad x_1 = 5\ .$$

Damit haben wir einen Punkt auf der Ebene bzw. einen passenden

Ortsvektor $\vec{p} = \begin{pmatrix} 5 \\ 0 \\ 0 \end{pmatrix}$

und können die Normalenform direkt hinschreiben:

$$\begin{pmatrix} 2 \\ 3 \\ 1 \end{pmatrix} \cdot \left(\vec{x} - \begin{pmatrix} 5 \\ 0 \\ 0 \end{pmatrix} \right) = 0.$$

DEG
2x=10

Gleichung lösen mit 2nd + sin = num-solv.

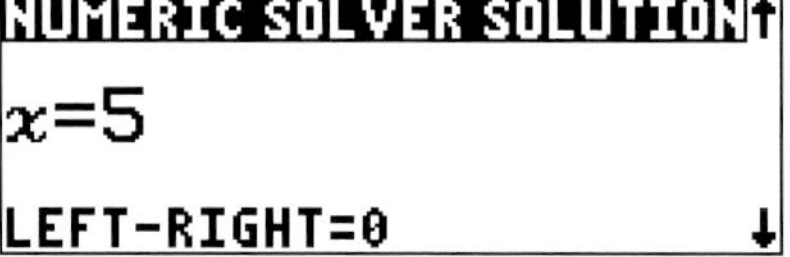

9.4.5 Ebene aus Normalenform in Koordinatenform umstellen

Gegeben sei die Ebenengleichung in Koordinatenform:

$$\begin{pmatrix} -2 \\ 2 \\ 5 \end{pmatrix} \cdot \left(\vec{x} - \begin{pmatrix} 2 \\ 1 \\ -1 \end{pmatrix} \right) = 0 \ .$$

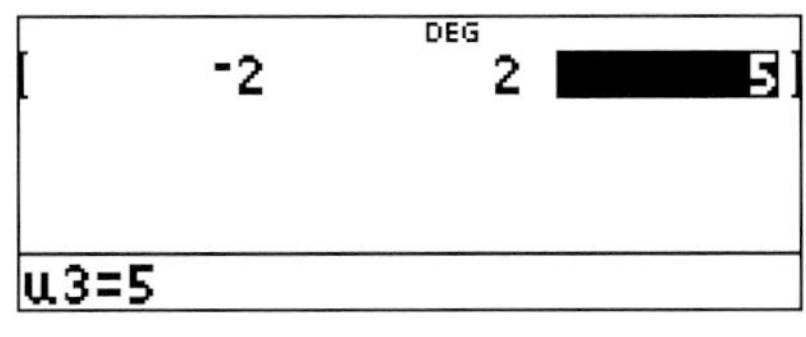

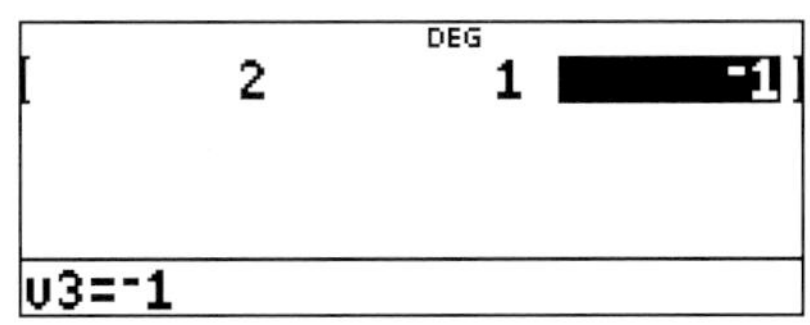

Wir benötigen das Skalarprodukt aus den beiden Vektoren in dieser Gleichung:

$$\begin{pmatrix} -2 \\ 2 \\ 5 \end{pmatrix} \cdot \begin{pmatrix} 2 \\ 1 \\ -1 \end{pmatrix} = -4 + 2 - 5 = -7$$

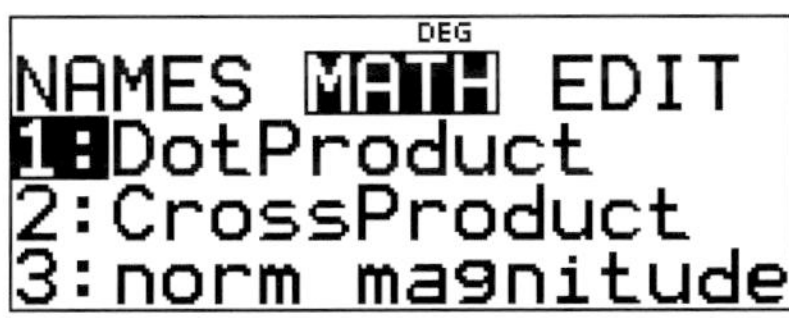

DotP([u],[v])
-7

Das Skalarprodukt berechnen wir mit dem Rechner, indem wir die beiden Vektoren als **[u]** und **[v]** eingeben. Anschließend berechnen wir das Skalarprodukt:

$$-2x_1 + 2x_2 + 5x_3 - (-7) = 0$$

$$\Leftrightarrow \quad -2x_1 + 2x_2 + 5x_3 = -7$$

9.4.6 Ebene von Parameterform in Normalenform bringen

Gegeben sei eine Ebene in der Parameterform:

$$e\colon \vec{x} = \begin{pmatrix} -1 \\ 0 \\ 2 \end{pmatrix} + \lambda \cdot \begin{pmatrix} 2 \\ 1 \\ -1 \end{pmatrix} + \mu \cdot \begin{pmatrix} -1 \\ 0 \\ 3 \end{pmatrix}.$$

Für die Normalenform bilden wir das Vektorprodukt der beiden Richtungsvektoren, um einen Normalenvektor zu erhalten. Hierzu geben wir die beiden Richtungsvektoren ein:

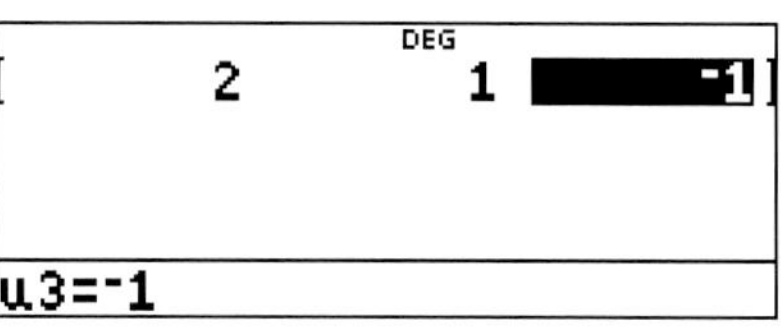

[u]: $\vec{u} = \begin{pmatrix} 2 \\ 1 \\ -1 \end{pmatrix}$

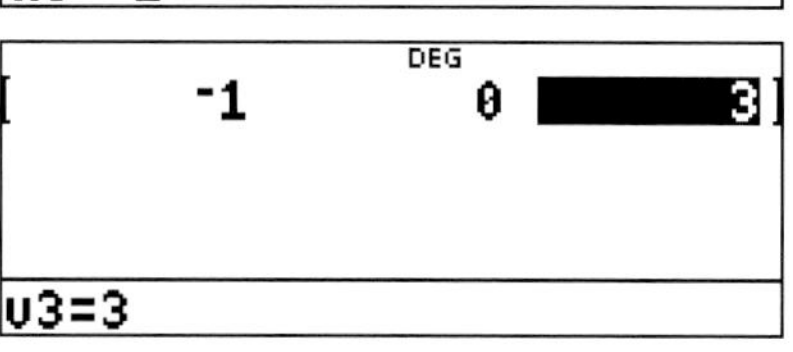

[v]: $\vec{v} = \begin{pmatrix} -1 \\ 0 \\ 3 \end{pmatrix}$

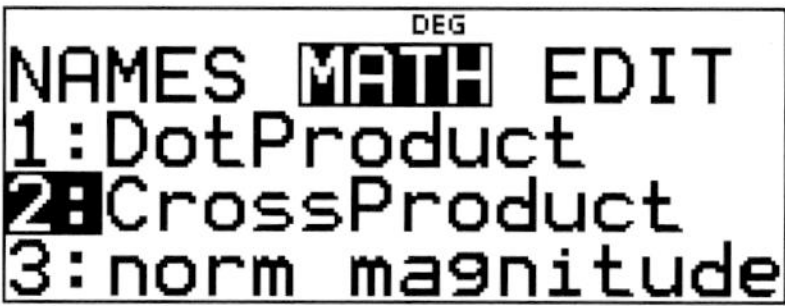

Der Normalenvektor wurde berechnet:

$$\vec{n} = \begin{pmatrix} 3 \\ -5 \\ 1 \end{pmatrix}$$

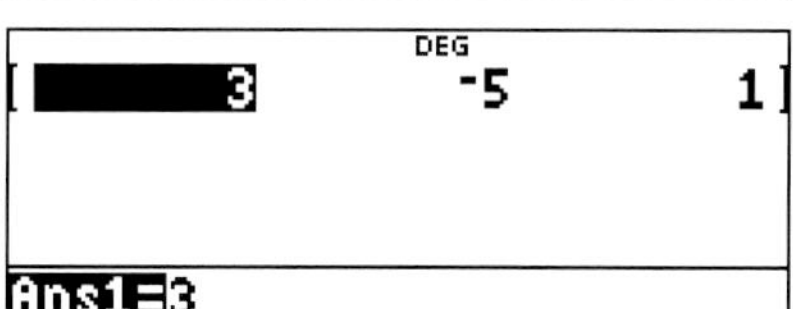

Als Punkt für die Normalenform nehmen wir den Aufpunktvektor:

$$\vec{p} = \begin{pmatrix} -1 \\ 0 \\ 2 \end{pmatrix}$$

Als Normalenform bauen wir nun die Vektoren in die Gleichung $\vec{n} \cdot (\vec{x} - \vec{p}) = 0$ ein und erhalten die Gleichung in Normalenform:

$$\begin{pmatrix} 3 \\ -5 \\ 1 \end{pmatrix} \cdot \left(\vec{x} - \begin{pmatrix} -1 \\ 0 \\ 2 \end{pmatrix} \right) = 0\,.$$

9.4.7 Punktprobe Ebene bei Normalengleichung der Ebene

Die Ebene **e** sei gegeben durch die Punkt-Normalen-Gleichung:

$$\begin{pmatrix}2\\1\\1\end{pmatrix}\cdot\left(\vec{x}-\begin{pmatrix}1\\4\\1\end{pmatrix}\right)=0\,..$$

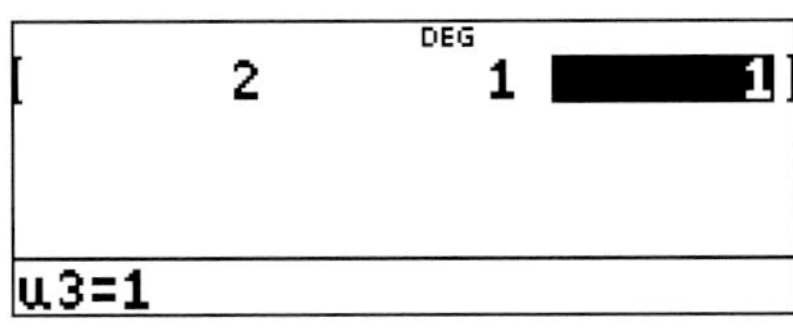

Geprüft werden soll, ob der Punkt $P(-1\,|4\,|5\,)$ in der Ebene liegt.

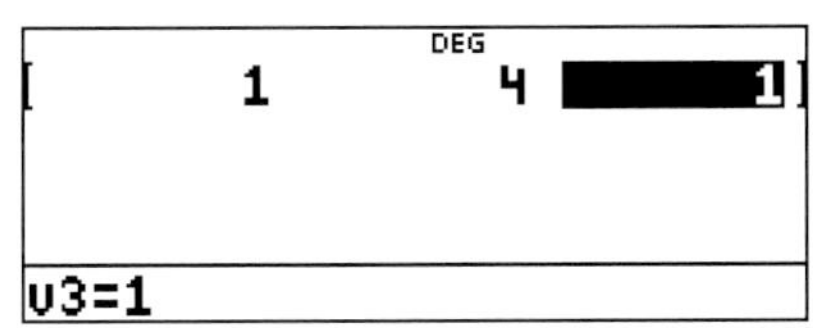

Für die Berechnung müssen wir 3 Vektoren in den Speicher eintragen:

[u]: $\begin{pmatrix}2\\1\\1\end{pmatrix}$ **[v]**: $\begin{pmatrix}1\\4\\1\end{pmatrix}$ **[w]**: $\begin{pmatrix}-1\\4\\5\end{pmatrix}$

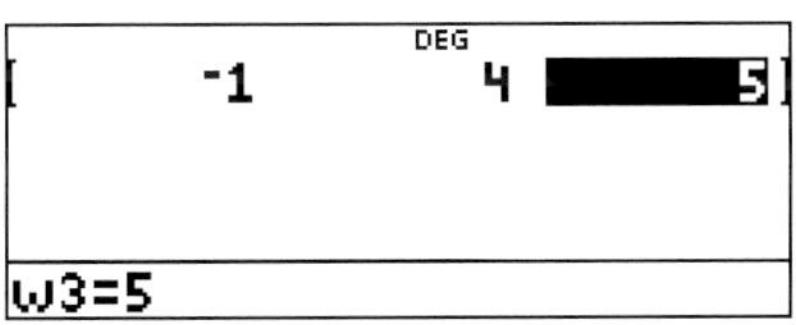

und anschließend den Ausdruck

$$DotP([u],([w]-[v]))$$

berechnen.

DotP([u],([w]-

Beachte die Eingabe als Skalar–produkt, die Position des Kommas und die zweite Klammer!

◄[u],([w]-[v]))

Wenn das Skalarprodukt Null ist, liegt der Punkt in der Ebene!

DotP([u],([w]-[►
0

9.4.8 Abstand Punkt - Ebene

Variante 1: Lotgerade und Lotfußpunkt

Gegeben sei der Punkt $P(7\,|2\,|-1\,)$ und die Ebenengleichung in Parameterform:

$$e\colon \vec{x} = \begin{pmatrix} -1 \\ 0 \\ 2 \end{pmatrix} + \lambda \cdot \begin{pmatrix} 2 \\ 1 \\ -1 \end{pmatrix} + \mu \cdot \begin{pmatrix} -1 \\ 0 \\ 3 \end{pmatrix}$$

Aus dem Punkt **P** und dem Normalenvektor der Ebene kann eine **Lot-gerade** gebildet werden. Der Schnittpunkt der Lotgeraden mit der Ebene liefert den sog. Lotfußpunkt **L**. **Der Abstand von P zum Lotfußpunkt L ist der Abstand der Ebene zum Punkt P**.

Wir bestimmen einen Normalen-vektor aus dem Kreuzprodukt (Vektorprodukt) der beiden Richtungsvektoren. Hierzu geben wir die beiden Richtungs-vektoren ein:

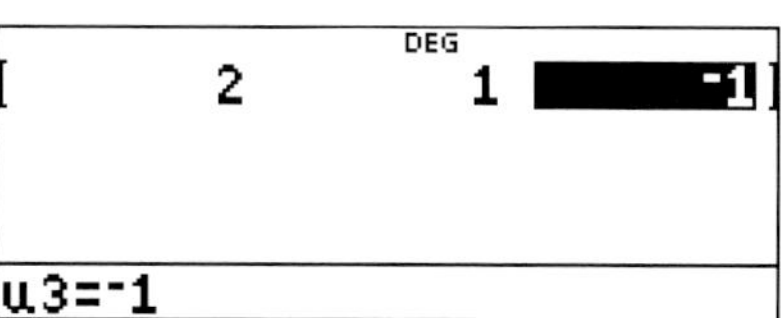

[u]: $\vec{u} = \begin{pmatrix} 2 \\ 1 \\ -1 \end{pmatrix}$

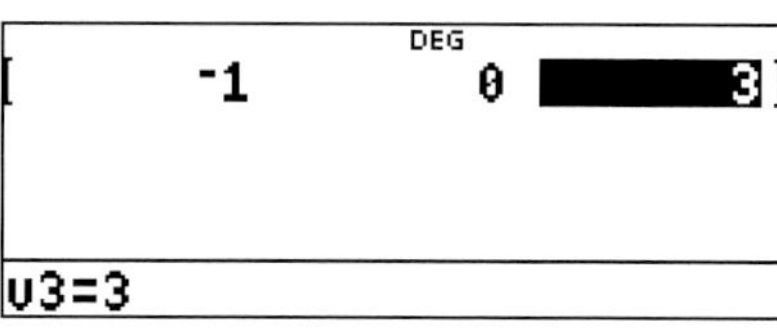

[v]: $\vec{v} = \begin{pmatrix} -1 \\ 0 \\ 3 \end{pmatrix}$

Der Normalenvektor wird jetzt angezeigt:

$\vec{n} = \begin{pmatrix} 3 \\ -5 \\ 1 \end{pmatrix}$

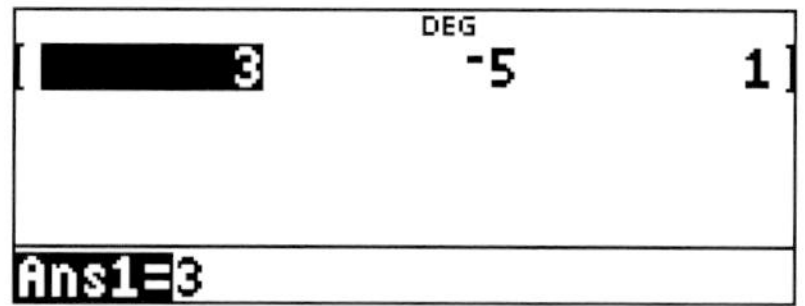

Zusätzlich wollen wir für Variante 2 - die später folgt - noch den Normalenvektor **auf die Länge 1 normieren**. Hierzu berechnen wir die Länge des Normalenvektors:

```
DEG
◂rossP([u],[v])
```

```
DEG
norm(CrossP([u]▸
√35
```

Mit dem Punkt $P(7\,|2\,|-1\,)$ und dem Normalenvektor bilden wir die Gleichung der Lotgeraden:

$$g: \vec{x} = \begin{pmatrix} 7 \\ 2 \\ -1 \end{pmatrix} + \nu \cdot \begin{pmatrix} 3 \\ -5 \\ 1 \end{pmatrix}$$

Wir setzen Gerade und Ebenengleichung gleich und müssen nun ein Gleichungssystem mit 3 Unbekannten lösen:

$$\begin{pmatrix} 7 \\ 2 \\ -1 \end{pmatrix} + \nu \cdot \begin{pmatrix} 3 \\ -5 \\ 1 \end{pmatrix} = \begin{pmatrix} -1 \\ 0 \\ 2 \end{pmatrix} + \lambda \cdot \begin{pmatrix} 2 \\ 1 \\ -1 \end{pmatrix} + \mu \cdot \begin{pmatrix} -1 \\ 0 \\ 3 \end{pmatrix}$$

Wir formen etwas um, damit wir die Parameter in den Rechner eingeben können:

$$\nu \cdot \begin{pmatrix} 3 \\ -5 \\ 1 \end{pmatrix} - \lambda \cdot \begin{pmatrix} 2 \\ 1 \\ -1 \end{pmatrix} - \mu \cdot \begin{pmatrix} -1 \\ 0 \\ 3 \end{pmatrix} = \begin{pmatrix} -8 \\ -2 \\ 3 \end{pmatrix}$$

Wir lösen ein lineares Gleichungssystem mit 3 Unbekannten:

(I) $3\nu - 2\,\lambda + \mu = -8$

(II) $-5\nu - \lambda = -2$

(III) $\nu + \lambda - 3\mu = 3$

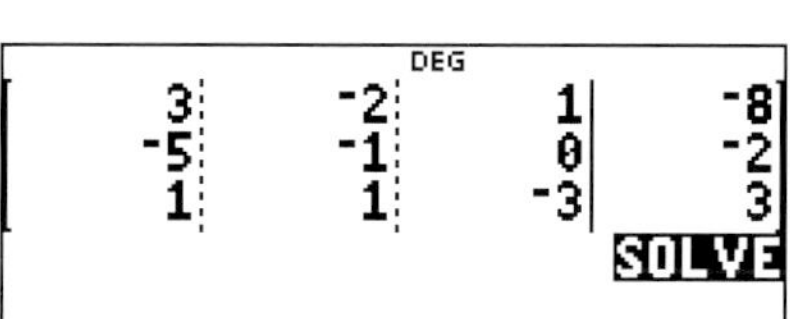

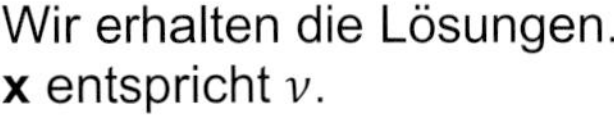

Wir erhalten die Lösungen.
x entspricht v.

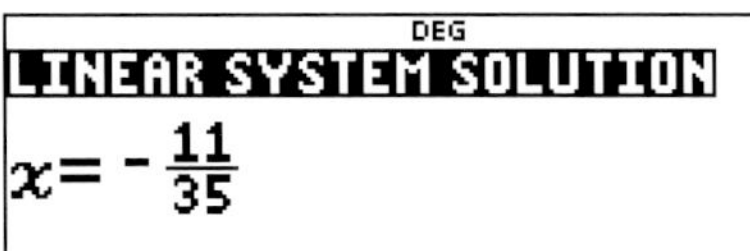

$$x = -\frac{11}{35}, \; y = \frac{25}{7}, \; z = \frac{3}{35}$$

Eingesetzt in die Geradengleichung erhalten wir den Lotfußpunkt.

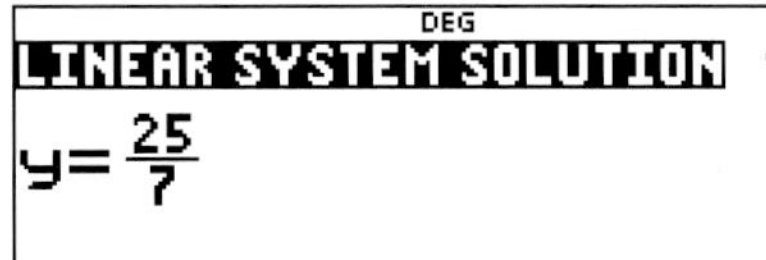

$$g: \vec{x} = \begin{pmatrix} 7 \\ 2 \\ -1 \end{pmatrix} - \frac{11}{35} \cdot \begin{pmatrix} 3 \\ -5 \\ 1 \end{pmatrix}$$

Lotfußpunkt: $L(\frac{212}{35} \left| \frac{25}{7} \right| - \frac{46}{35})$

Nach bekanntem Schema können wir jetzt den Abstand der beiden Punkte berechnen. Hierzu müssen wir jedoch zunächst $\vec{u}$und $\vec{v}$ als Vektoren eingeben.

Der Abstand des Punktes von der Ebene beträgt: $|\vec{l} - \vec{p}| \approx 1{,}86$.

Variante 2: Lotgerade und Lotfußpunkt mit Koordinatengleichung

Gegeben sei der Punkt $P(7\,|2\,|-1\,)$ und die Ebenengleichung in Koordinatenform: $e: 3x_1 - 5x_2 + x_3 = -1$.

Die Werte für x_1, x_2, x_3 der Lotgeraden (siehe Abschnitt zuvor)

$$g: \vec{x} = \begin{pmatrix} x_1 \\ x_2 \\ x_3 \end{pmatrix} = \begin{pmatrix} 7 \\ 2 \\ -1 \end{pmatrix} + \nu \cdot \begin{pmatrix} 3 \\ -5 \\ 1 \end{pmatrix}$$

setzen wir in die Koordinatengleichung ein:

$$3 \cdot (7 + 3\nu) - 5 \cdot (2 - 5\nu) + (-1 + \nu) = -1$$

$$\Leftrightarrow 21 + 9\nu - 10 + 25\nu - 1 + \nu = -1 \Leftrightarrow$$

$$\Leftrightarrow 10 + 35\nu = -1$$

$$\Leftrightarrow \nu = -\frac{11}{35}$$

DEG
◂5x)+(-1+x)= -1

Die erste Gleichung können wir auch mit unserem Rechner lösen.

Achtung! Bei der Eingabe eines derart langen Rechenausdrucks dürfen bei der Eingabe keine Fehler gemacht werden!

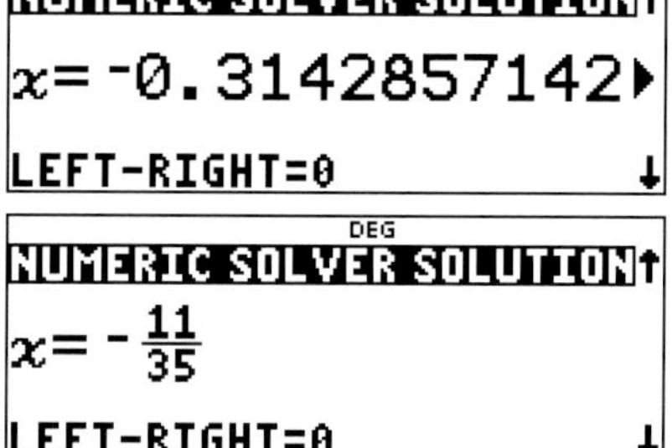

Wir erhalten die gleiche Lösung wie in Variante 1, nur etwas schneller.

9.4.9 Lagebeziehung zweier Geraden, Abstand zweier windschiefer Geraden

Gegeben sind die beiden Geraden:

$$g\colon \vec{x} = \begin{pmatrix} 3 \\ 2 \\ -1 \end{pmatrix} + \lambda \cdot \begin{pmatrix} 3 \\ -2 \\ 1 \end{pmatrix}, \qquad h\colon \vec{x} = \begin{pmatrix} 1 \\ 1 \\ 1 \end{pmatrix} + \mu \cdot \begin{pmatrix} -2 \\ 1 \\ 0 \end{pmatrix}.$$

Es ist offensichtlich, dass beide Richtungsvektoren nicht linear abhängig sind (Vorzeichen und Nullkomponente). **Daher kommen nur zwei Möglichkeiten in Betracht**:

- Die Geraden schneiden sich.
- Die Geraden verlaufen windschief.

1. Fall: Schnittpunkt prüfen

Wir setzen beide Gleichungen gleich und formen etwas um:

$$\begin{pmatrix} 3 \\ 2 \\ -1 \end{pmatrix} + \lambda \cdot \begin{pmatrix} 3 \\ -2 \\ 1 \end{pmatrix} = \begin{pmatrix} 1 \\ 1 \\ 1 \end{pmatrix} + \mu \cdot \begin{pmatrix} -2 \\ 1 \\ 0 \end{pmatrix}$$

$$\Leftrightarrow \quad \lambda \cdot \begin{pmatrix} 3 \\ -2 \\ 1 \end{pmatrix} - \mu \cdot \begin{pmatrix} -2 \\ 1 \\ 0 \end{pmatrix} = \begin{pmatrix} -2 \\ -1 \\ 2 \end{pmatrix}$$

Wir müssen ein Gleichungssystem mit 3 Gleichungen und 2 Unbekannten lösen. Das Gleichungssystem ist überbestimmt. Wir betrachten nur die ersten beiden Gleichungen und lösen ein Gleichungssystem mit 2 Gleichungen und 2 Unbekannten. Sollte dieses lösbar sein und 2 eindeutige Lösungen liefern, müssen wir die dritte Gleichung mit diesen Werten noch prüfen.

Lösung eines linearen Gleichungssystems für die ersten beiden Zeilen:

```
                         DEG
(     3)x+(      2)y=      -2
(    -2)x+(     -1)y=      -1

                        SOLVE
```

Wir erhalten als Lösung:
$x = 4, y = -7$.

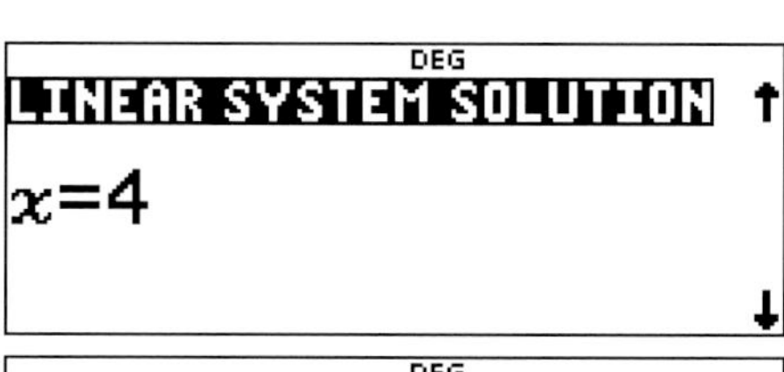

x entspricht λ, **y** entspricht μ in unserer Gleichung.

Mit λ, μ müssen wir die dritte Gleichung jetzt prüfen.

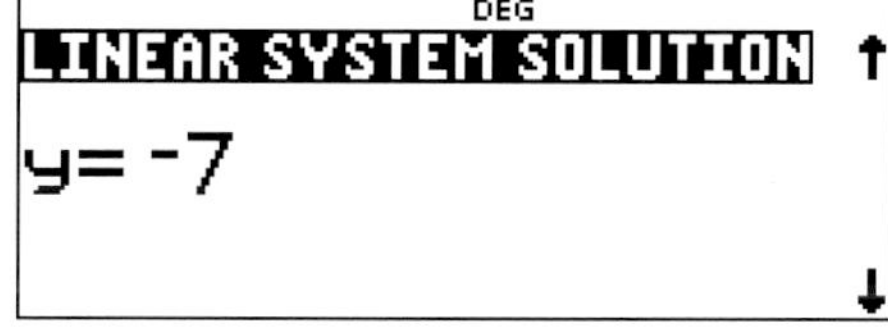

Wir tippen die Werte einfach im Berechnungsmodus ein:

$x = 4, y = -7$

$1 \cdot x - 0 \cdot y = 2$

DEG
1*4-0*-7
4

Das Ergebnis ist **4** und nicht **2**. Somit wird die letzte Gleichung mit den berechneten Werten nicht erfüllt.

Beachte! Die beiden Geraden schneiden sich NICHT und sind somit windschief!

2. Fall: Abstand windschiefer Geraden berechnen

Für zwei windschiefe Geraden gilt die Abstandsformel: $d = |(\vec{q} - \vec{p}) \cdot \vec{n_0}|$.

$\vec{p}$ und $\vec{q}$ sind hier die Aufpunktvektoren der beiden Geraden und ist der auf 1 normierte Normalenvektor, der aus den beiden Richtungsvektoren gebildet wird. Diese Formel erhält man über den Umweg der Abstandsberechnung eines Punktes von einer Ebene, wenn man aus den beiden Richtungsvektoren der beiden Geraden eine Ebene konstruiert. In unserem Fall gilt:

$$\vec{p} = \begin{pmatrix} 3 \\ 2 \\ -1 \end{pmatrix}, \quad \vec{q} = \begin{pmatrix} 1 \\ 1 \\ 1 \end{pmatrix}, \quad \vec{n} = \begin{pmatrix} 3 \\ -2 \\ 1 \end{pmatrix} \times \begin{pmatrix} -2 \\ 1 \\ 0 \end{pmatrix}$$

Wir berechnen den Normalenvektor über das Kreuzprodukt. Hierzu müssen wir die beiden Vektoren eingeben:

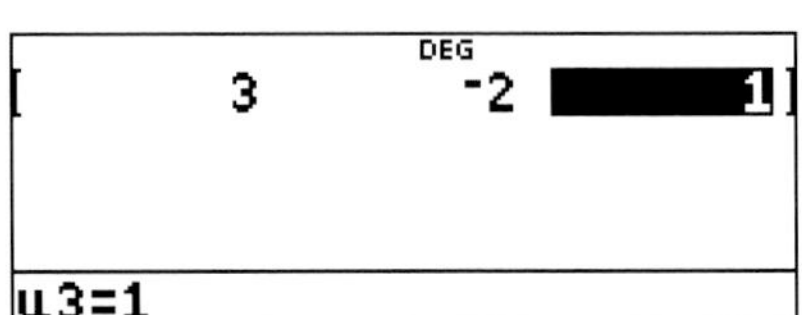

$$\vec{n} = \begin{pmatrix} -1 \\ -2 \\ -1 \end{pmatrix}, \qquad \overrightarrow{n_0} = \frac{1}{\sqrt{6}} \begin{pmatrix} -1 \\ -2 \\ -1 \end{pmatrix}$$

Wir speichern diesen Vektor als Vektor **[w]** und berechnen seine Länge.

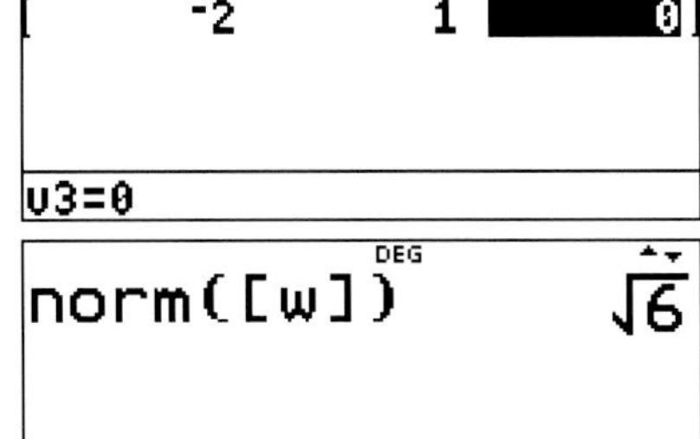

Die beiden Vektoren $\vec{p}$ und $\vec{q}$ für die Abstandsformel speichern wir neu in den Vektoren **[u]** und **[v]**.

DotP([v]-[u],[w▸

◂P([v]-[u],[w])

DotP([v]-[u],[w▸
√6/3

√6/3 ◂▸
0.816496581

Der Abstand der beiden Geraden beträgt: $d \approx 0{,}82$.

9.4.10 Lagebeziehung Punkt - Kugel

Wir wollen prüfen, ob der Punkt $P\ (1|\ 4|\ 7)$ auf der Kugel mit der Gleichung:

$$(x_1 - 4)^2 + (x_2 + 1)^2 + (x_3 - 2)^2 = 6^2$$

liegt oder ob der Punkt innerhalb oder außerhalb der Kugel liegt.
Wir stellen diese Gleichung in eine vektorielle Form um:

$$\left|\vec{x} - \begin{pmatrix} 4 \\ -1 \\ 2 \end{pmatrix}\right|^2 = 6^2$$

Der Radius der Kugel beträgt $r = 6$. Daher prüfen wir den Abstand von Mittelpunkt zu Punkt **P:**

$$|\vec{p} - \vec{m}| = \left|\begin{pmatrix} 1 \\ 4 \\ 7 \end{pmatrix} - \begin{pmatrix} 4 \\ -1 \\ 2 \end{pmatrix}\right| =$$

$$\sqrt{(-3)^2 + 5^2 + 5^2} \approx 7{,}68$$

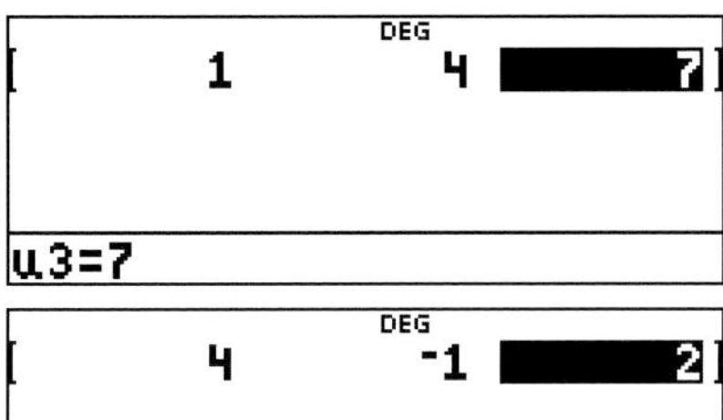

Wir geben beide Vektoren ein.

norm([u]-[v])
√59

√59
√59
7.681145748

Wir berechnen den Abstand vom Mittelpunkt zum gegebenen Punkt.

Der Punkt **P** liegt nicht auf der Kugel, er liegt außerhalb, denn der Radius der Kugel beträgt: $\mathrm{r} \approx 7{,}68$.

9.4.11 Lagebeziehung Gerade - Kugel

Eine Gerade kann eine Kugel schneiden (in zwei Punkten), berühren (in einem Punkt) oder an der Kugel vorbei verlaufen.

Wir wollen prüfen, ob die Gerade:

$$g: \vec{x} = \begin{pmatrix} 3 \\ 2 \\ 2 \end{pmatrix} + \lambda \cdot \begin{pmatrix} 1 \\ 1 \\ 1 \end{pmatrix},$$

die Kugel mit der Gleichung:

$$(x_1 - 4)^2 + (x_2 + 1)^2 + (x_3 - 2)^2 = 6^2$$

schneidet. Wir stellen die Geradengleichung um und setzen die Werte für x_1, x_2, x_3 in die Koordinatengleichung der Kugel ein.

$$\begin{pmatrix} x_1 \\ x_2 \\ x_3 \end{pmatrix} = \begin{pmatrix} 3 \\ 2 \\ 2 \end{pmatrix} + \lambda \cdot \begin{pmatrix} 1 \\ 1 \\ 1 \end{pmatrix}$$

Das führt zu einer quadratischen Gleichung, die gelöst werden muss:

$$(3 + \lambda - 4)^2 + (2 + \lambda + 1)^2 + (2 + \lambda - 2)^2 = 36$$

$$\Leftrightarrow \ (\lambda - 1)^2 + (\lambda + 3)^2 + \lambda^2 = 36$$

$$\Leftrightarrow \lambda^2 - 2\lambda + 1 + \lambda^2 + 6\,\lambda + 9 + \lambda^2 = 36$$

$$\Leftrightarrow \quad 3\lambda^2 + 4\,\lambda - 26 = 0$$

Anstelle von λ nehmen wir **x** und lösen eine quadratische Gleichung

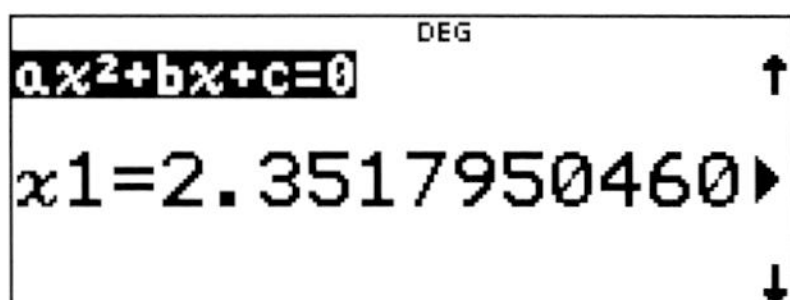

DEG
ax²+bx+c=0
x2= -3.685128379

Die quadratische Gleichung hat zwei Lösungen. Die Gerade schneidet folglich die Kugel.

Setzt man die beiden Lösungen für λ in die Geradengleichung ein, erhält man die zwei Schnittpunkte.

9.5 Rechnen mit Matrizen

Zur Eingabe und Berechnung von Matrizen drücken wir die Tastenkombination **2nd + math**.

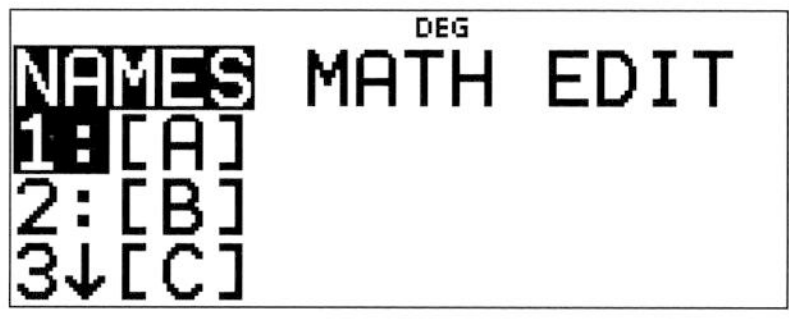

9.5.1 Matrizen im Matrixspeicher hinterlegen

Wir können 3 Matrizen (A, B, C) über den Punkt EDIT definieren oder bearbeiten. Nur mit diesen Matrizen können wir anschließend rechnen.

Wir geben die folgenden 3 x 3 Matrizen ein:

$$A = \begin{pmatrix} 1 & 0 & 3 \\ 3 & 2 & 0 \\ 4 & 1 & 5 \end{pmatrix},\ B = \begin{pmatrix} -1 & 2 & 0 \\ 0 & 4 & -2 \\ 1 & 3 & 5 \end{pmatrix}$$

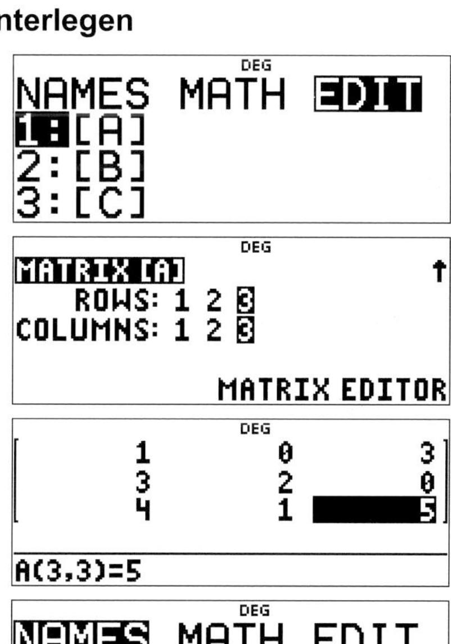

Wir wählen 1 für **[A]** und geben die Dimension mit **3 Zeilen sowie 3 Spalten** ein. Anschließend geben wir die Komponenten der Matrix ein und schließen immer mit der Taste **enter** ab.

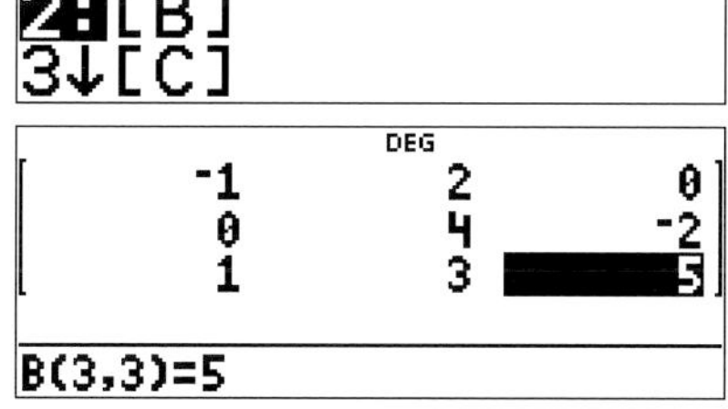

Mit der Taste **2nd+math** gehen wir zurück in das **Matrix-Menü**. Wir sehen, dass eine **3x3 Matrix [A]** bereits definiert ist. Analog geben wir die 2. Matrix **[B]** ein.

Aus dem Eingabemodus gehen wir mit der Tastenkombination **2nd+mode = quit** heraus und wir befinden uns im **Berechnungsmodus.**

9.5.2 Rechnen mit Matrizen - Addition und Vervielfachen

Wir rechnen mit den beiden Matrizen **A** und **B** aus dem vorherigen Beispiel. Über die Tastenkombination **2nd+math** wählen wir die gewünschten Matrizen aus.

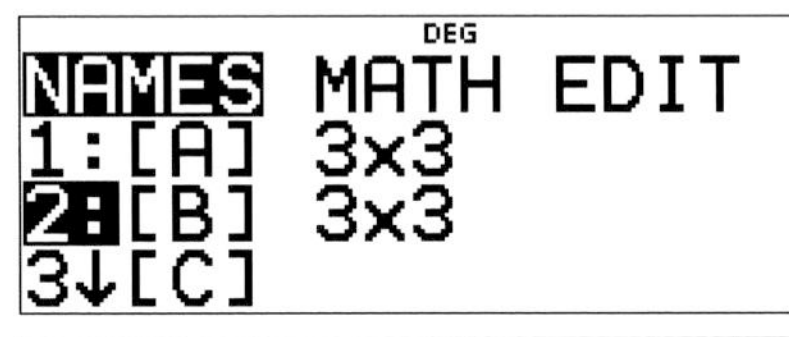

$$A + B = \begin{pmatrix} 1 & 0 & 3 \\ 3 & 2 & 0 \\ 4 & 1 & 5 \end{pmatrix} + \begin{pmatrix} -1 & 2 & 0 \\ 0 & 4 & -2 \\ 1 & 3 & 5 \end{pmatrix}$$

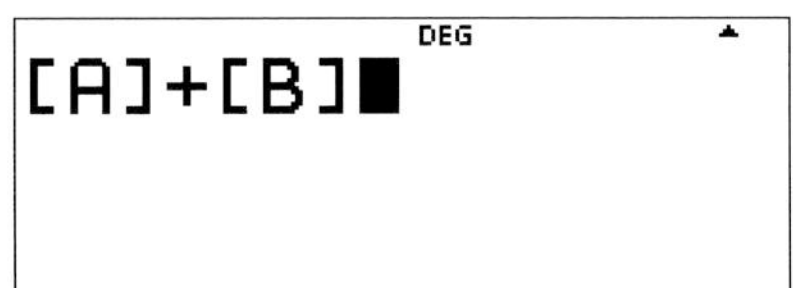

$$= \begin{pmatrix} 0 & 2 & 3 \\ 3 & 6 & -2 \\ 5 & 4 & 10 \end{pmatrix}$$

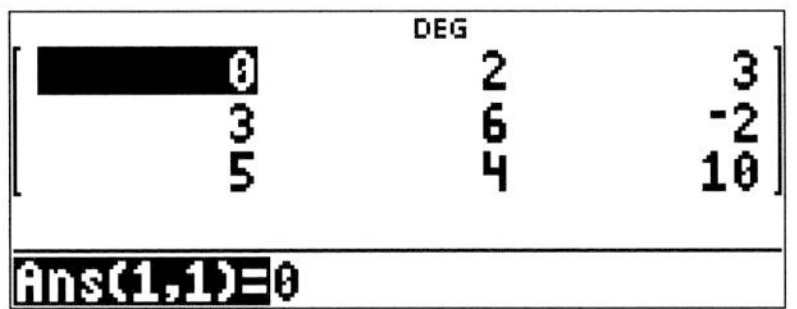

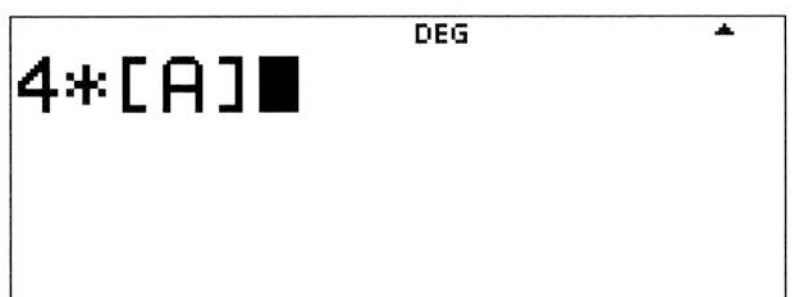

Analog berechnen wir das Vierfache einer Matrix.

$$4 \cdot A = \begin{pmatrix} 4 & 0 & 12 \\ 12 & 8 & 0 \\ 16 & 4 & 20 \end{pmatrix}$$

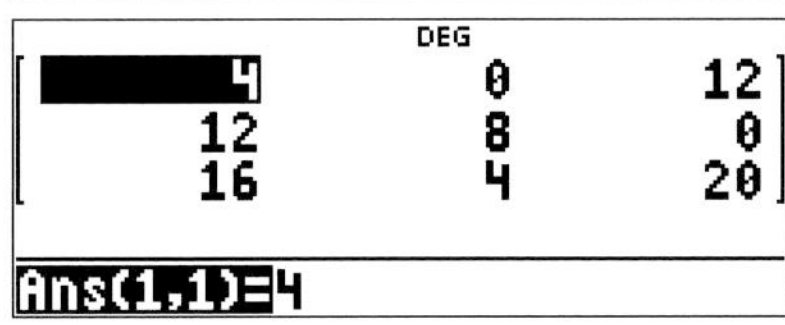

9.5.3 Determinante - Transponierte - Einheitsmatrix

Gehen wir ins Matrix-Menü und wählen **MATH**, erhalten wir die Auswahl:

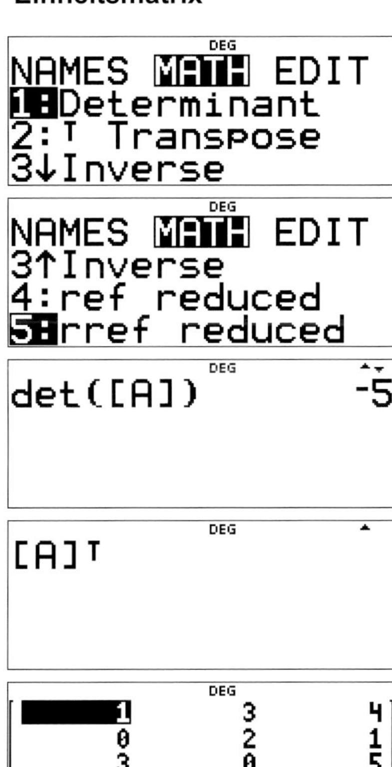

1:Determinant
berechnet die Determinante einer Matrix.

2:Transpose
berechnet die Transponierte einer Matrix. **Hierzu muss zuerst die Matrix aufgerufen werden und anschließend die Funktion Transponierte!**

3:Inverse
berechnet die Inverse einer Matrix.

4:ref reduced
Diagonalform

4:rref reduced
Reduzierte Diagonalform

Die Matrix zur Berechnung wählen wir jeweils wieder über die Tastenkombination **2nd+math** aus.

9.5.4 Inverse Matrix - Diagonalform einer Matrix

Für die **Inverse** einer Matrix verwenden wir **3:Inverse**. Zunächst wählen wir die Matrix aus und anschließend die Funktion **3:Inverse**.

```
DEG
[A]
```

```
DEG
NAMES MATH EDIT
1:Determinant
2:T Transpose
3↓Inverse
```

```
DEG
[ -2  -3/5   6/5 ]
[  3   7/5  -9/5 ]
[  1   1/5  -2/5 ]
Ans(1,1)=-2
```

Für die **Diagonalform** wählen wir zunächst den Eintrag **4: ref reduced** und geben anschließend den Namen der Matrix ein.

```
DEG
NAMES MATH EDIT
2↑T Transpose
3:Inverse
4↓ref reduced
```

Wir wählen diesen Eintrag und anschließend die gewünschte Matrix **MatA** aus den früheren Beispielen aus.

```
DEG
ref([A])
```

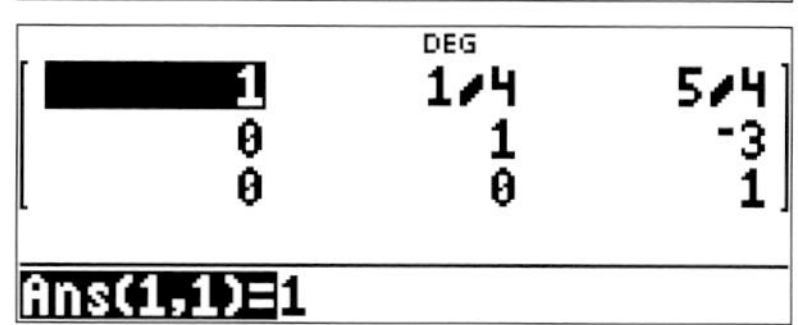

10 Lösungen zu den Übungen

10.1 Kapitel 1 - Allgemeine Einstellungen

1. a)

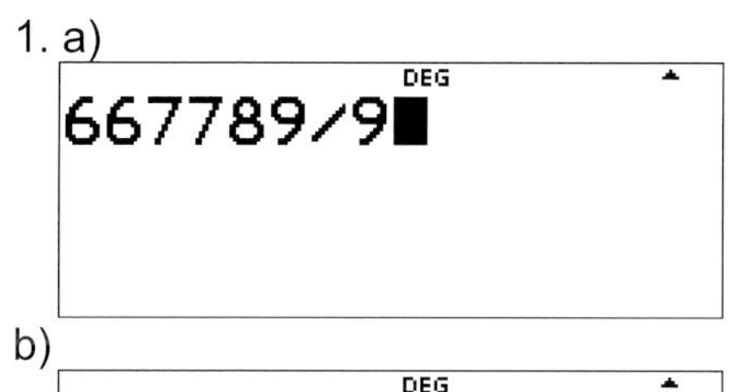

DEG
66789/9 7421

b)

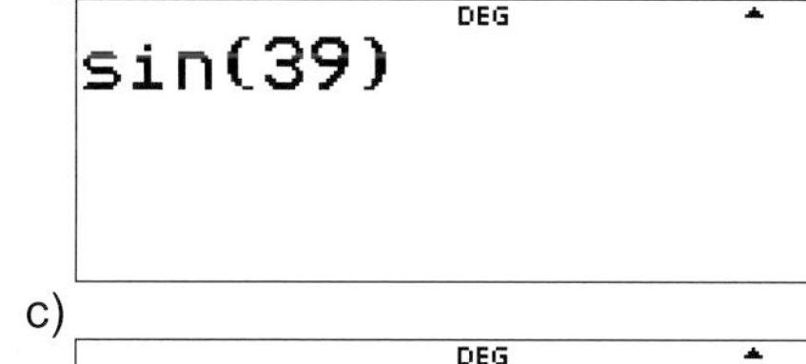

DEG
sin(30) $\frac{1}{2}$

c)

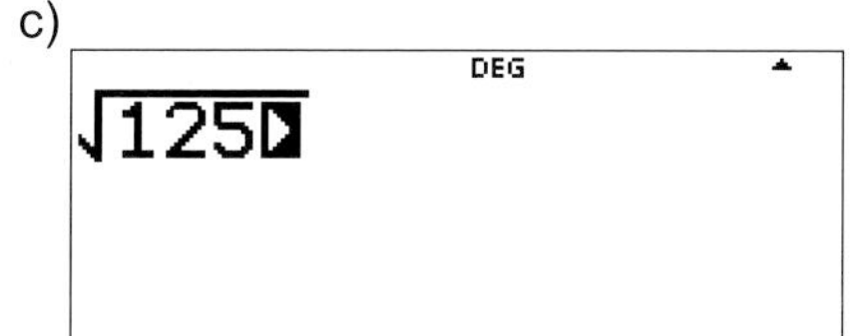

DEG
√121 11

2. a)

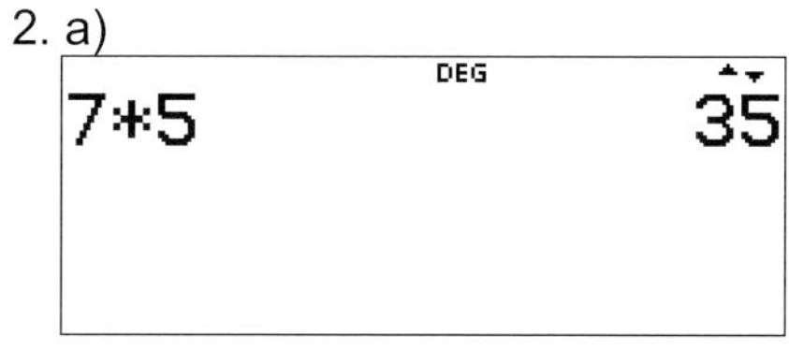

DEG
7*5 35
ans-5 30

DEG
7*5 35
ans-5 30

DEG
ans-5 30
ans/10 3
ans² 9

b)

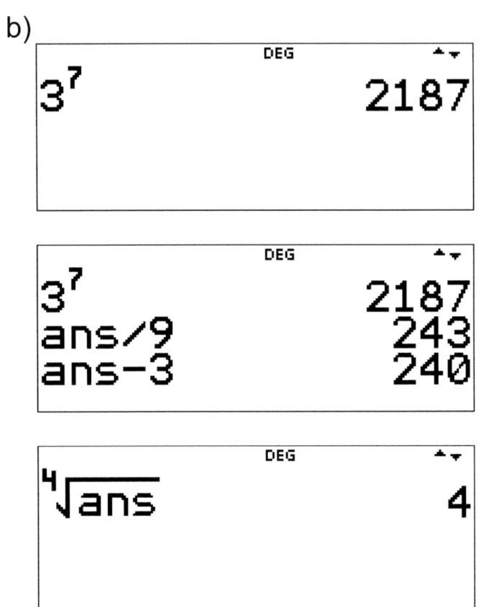

10.2 Kapitel 2 – Grundlegende Eingaben und Rechnungen

10.2.1 Primfaktorzerlegung, ggT, kgV

1. a) b) c)

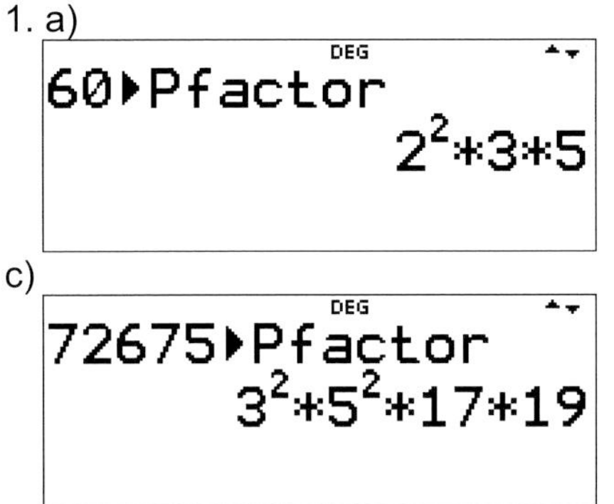

2. a)

DEG
gcd(250,400) 50

b)

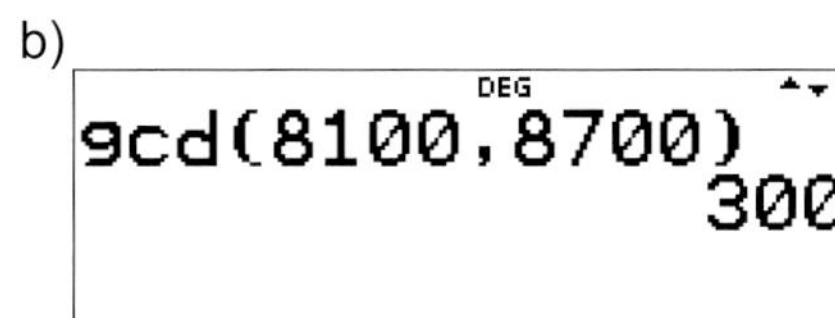

c)

DEG
gcd(11025,11100)
75

3. a)

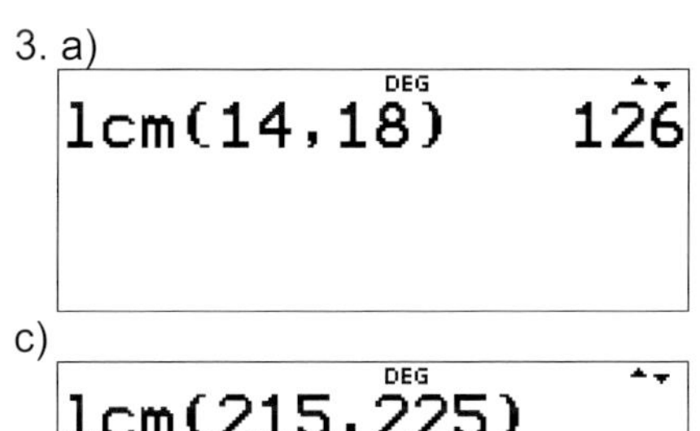

b)

DEG
lcm(30,50) 150

c)

DEG
lcm(215,225)
9675

10.2.2 Teilen mit Rest und periodische Dezimalbrüche

1. a)

DEG
int(217/5) 43
mod(217,5) 2

b)

DEG
int(3277/20)
163
mod(3277,20) 17

c)

```
int(9921/17)
                583
mod(9921,17)     10
```

10.2.3 Bruchrechnung

1. a)

$\frac{1}{2}+\frac{3}{5}+\frac{5}{6}$ → $\frac{29}{15}$

b)

$\frac{3}{8}-\frac{3}{4}+\frac{5}{2}$ → $\frac{17}{8}$

c)

$\frac{1}{3}-\frac{2}{9}+\frac{1}{6}$ → $\frac{5}{18}$

2. a)

$\frac{15}{4}/\frac{5}{2}$ → $\frac{3}{2}$

b)

$-\frac{18}{10}/0.6$ → -3

c)

$-\frac{28}{10}/\left(-\frac{14}{25}\right)$ → 5

3. a)

$$\frac{\frac{3}{8}*\left(\frac{1}{2}-\frac{3}{8}\right)^{2}}{\frac{1}{24}} \qquad \frac{9}{64}$$

b)

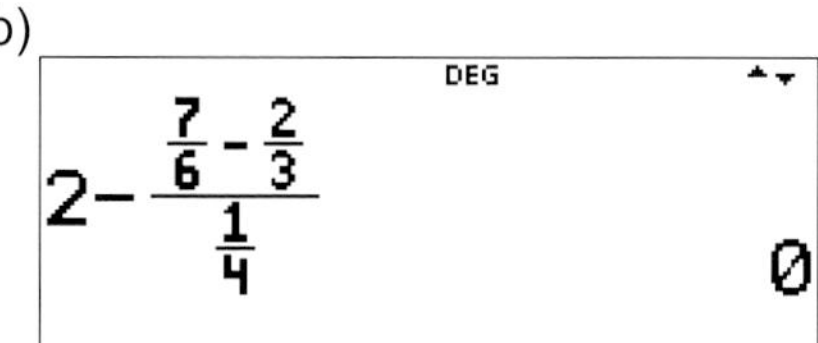

10.2.4 Zufallszahlen

1.

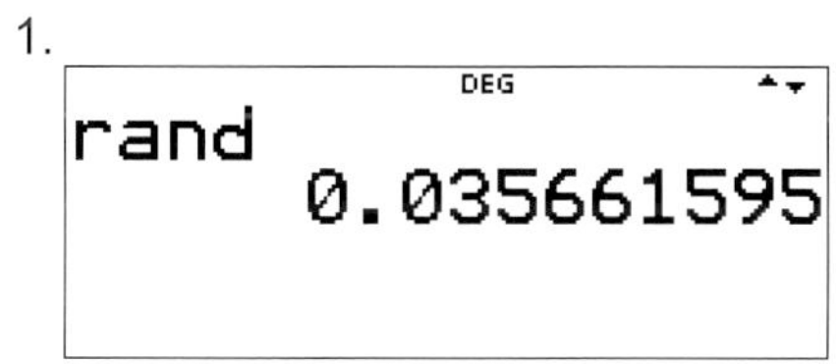

Eine Zufallszahl mit **random/rand**

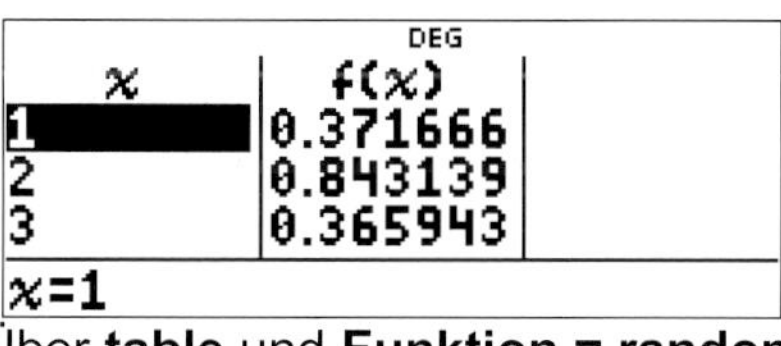

Über **table** und **Funktion = random**

2.

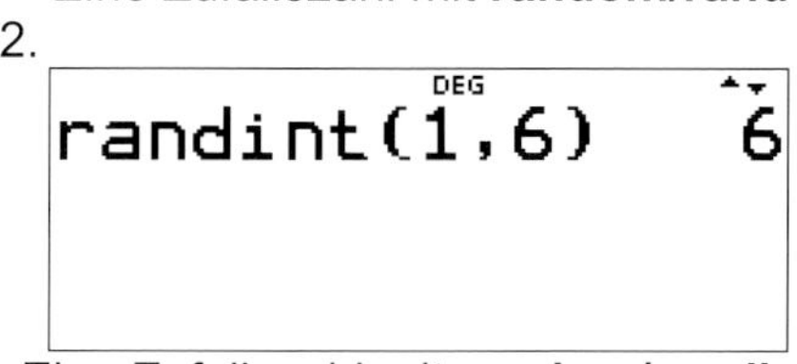

Eine Zufallszahl mit **random/randint**

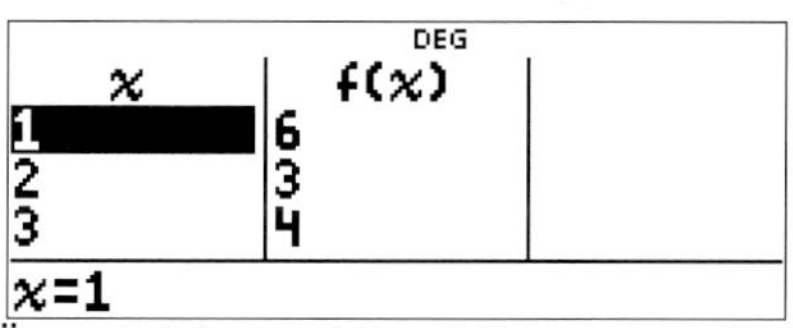

Über **table** und **Funktion = randint**

3.

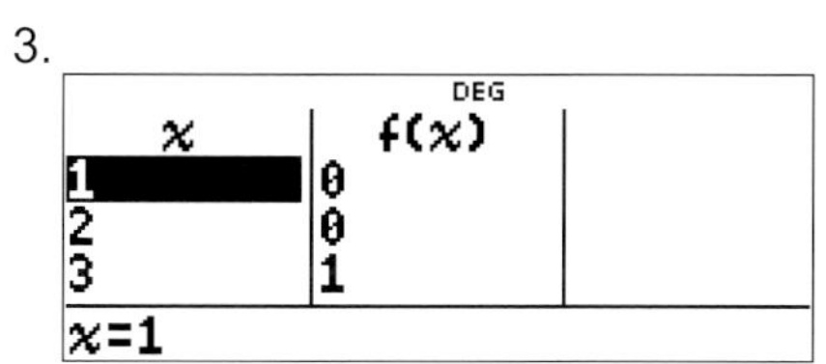

0 ist Kopf,
1 ist Zahl,
Über **table** und **Funktion = randint**

10.2.5 Prozentrechnung

1. a), b), c)

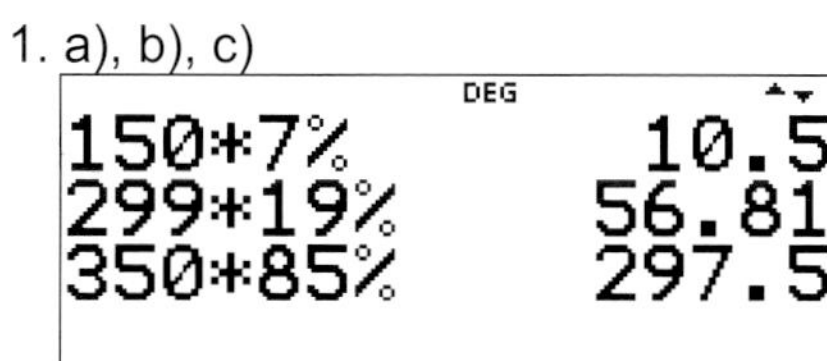

2. a), b), c)

```
DEG
30/200          0.15
60/3000         0.02
299/5000      0.0598
```

3. a), b)

```
DEG
24.95-(24.95*30▶
          17.465
89.90-(89.90*30▶
           62.93
```

c)

```
DEG
129-129*30%
            90.3
```

10.2.6 Wurzeln und Potenzen

1. a), b), c)

$$\sqrt{243}*\sqrt{27} = 81$$
$$2*\sqrt{12}*\sqrt{75} = 60$$
$$\sqrt{120}*\sqrt{3} = 6\sqrt{10}$$

2. a), b)

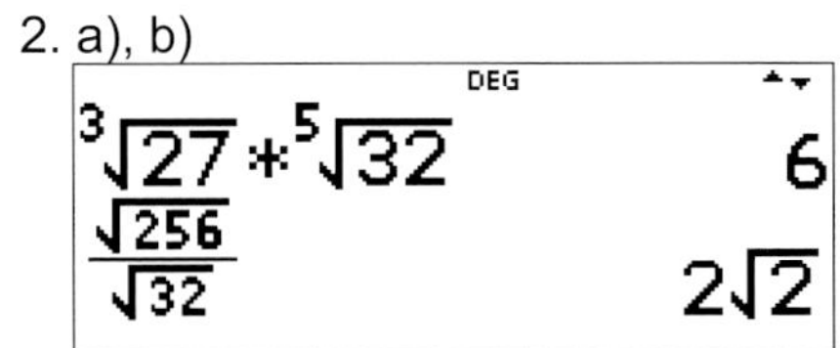

c)

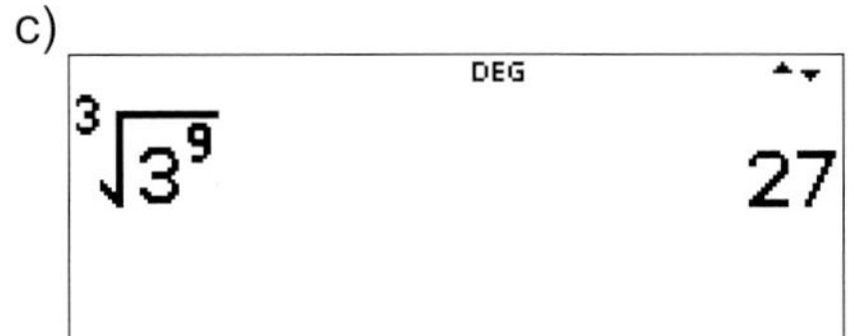

3. a), b), c)

$$3^4 = 81$$
$$320^3 = 32768000$$
$$2^{10} = 1024$$

d)

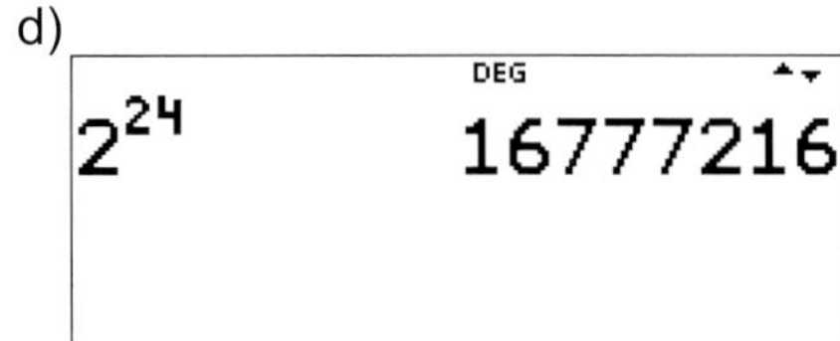

4. a)

DEG

$3^2*4^3*5^4*6^5$

2799360000

b), c)

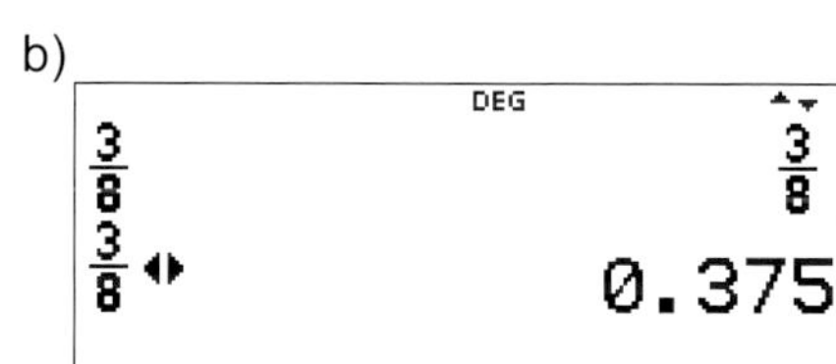

10.2.7 Zahlendarstellung

1. a)

DEG

$\frac{3}{20}$ $\frac{3}{20}$

$\frac{3}{20}$ ◂▸ 0.15

b)

DEG

$\frac{3}{8}$ $\frac{3}{8}$

$\frac{3}{8}$ ◂▸ 0.375

c)

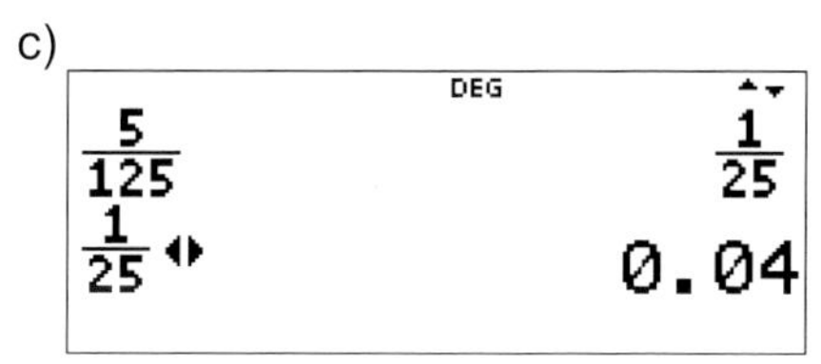

d)

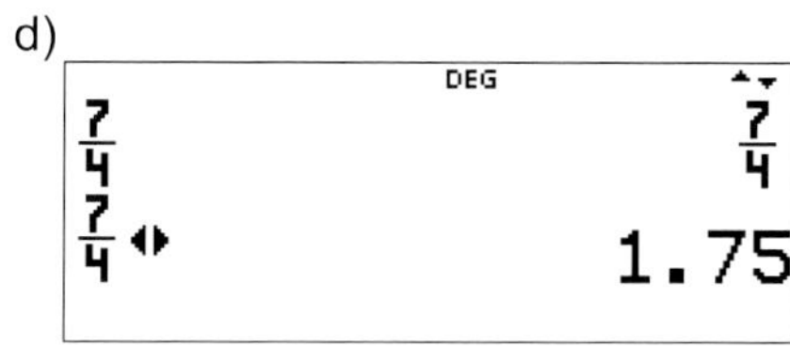

2. a)

DEG

0.375 0.375

0.375◂▸ $\frac{3}{8}$

b)

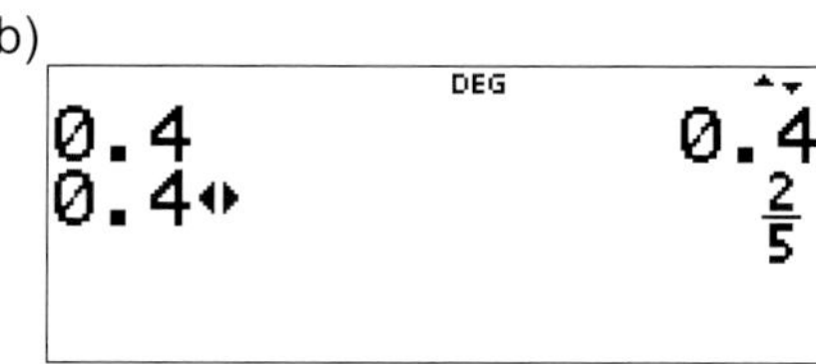

c)

DEG

0.16 0.16

0.16◂▸ $\frac{4}{25}$

d)

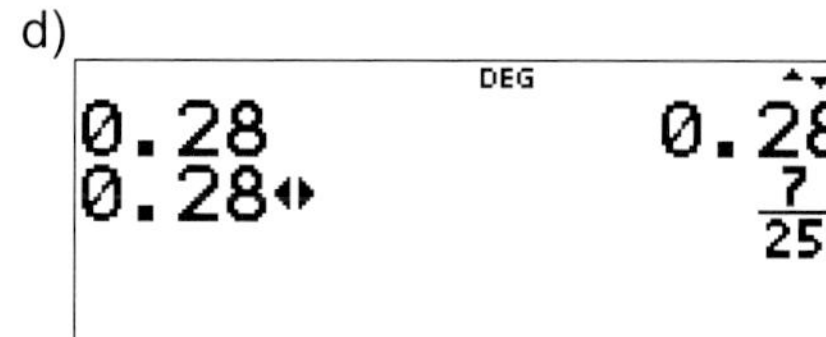

3. a)

```
DEG
3₁₀⁻³        3/1000
3E-3         0.003
```

b)

```
DEG
5₁₀⁻⁶      0.000005
5E-6       0.000005
```

c)

```
DEG
10₁₀⁹          1E10
10E9           1E10
```

d)

```
DEG
150₁₀⁶    150000000
150E6     150000000
```

4. a)

```
DEG
5.784*10000*200▶
       5.784E12
```

b)

```
DEG
2.76E23*1.5E-9*▶
      1.1178E18
```

c)

```
DEG
(2.5*1E12)/(50*▶
           5E18
```

10.2.8 Trigonometrie

1.

DEGREE RADIAN GRADIAN
NORMAL SCI ENG
FLOAT 0 1 2 3 4 5 6 7 8 9
REAL a+bi r∠θ

a), b)

$\sin(45) = \frac{\sqrt{2}}{2}$

$\sin(225) = -\frac{\sqrt{2}}{2}$

c), d)

$\sin(330) = -\frac{1}{2}$

$\cos(60) = \frac{1}{2}$

e), f)

$\cos(180) = -1$

$\cos(300) = \frac{1}{2}$

2.

DEGREE RADIAN GRADIAN
NORMAL SCI ENG
FLOAT 0 1 2 3 4 5 6 7 8 9
REAL a+bi r∠θ

a), b)

$\sin\left(\frac{\pi}{2}\right) = 1$

$\sin\left(\frac{2*\pi}{3}\right) = \frac{\sqrt{3}}{2}$

c), d)

$\sin\left(\frac{3*\pi}{2}\right) = -1$

$\cos\left(\frac{\pi}{3}\right) = \frac{1}{2}$

e), f)

$\cos\left(\frac{3*\pi}{4}\right) = -\frac{\sqrt{2}}{2}$

$\cos\left(\frac{5*\pi}{3}\right) = \frac{1}{2}$

3.

$$28\,Zoll = 28'' = 71{,}12\,cm$$
$$d = 71{,}12\,cm + 10\,cm = 81{,}12\,cm$$
$$U = \pi \cdot d = 254{,}8459961\text{ cm}$$

$$s = 5\,km = 5000\,m = 500000\,cm$$
$$Anzahl = s : U$$
$$= 500000cm : 254{,}846cm \approx 1962$$

Das Rad dreht sich ca. 1962 mal.

```
28 in▸cm          71.12
ans+10            81.12
ans*π
            254.8459961
```

```
ans⁻¹
            0.003923938
ans*500000
             1961.96922
```

10.3 Kapitel 3 – Regression

1.

```
L1        L2        RAD L3
1         1         -------
7         4
-------   -------
L2(3)=
```

data

```
STAT-REG DISTR
2↑1-VAR STATS
3:2-VAR STATS
4↓LinReg  ax+b
```

```
xDATA:  L1 L2 L3
yDATA:  L1 L2 L3
 FREQ:  ONE L1 L2 L3
RegEQ→:     f(x) g(x)
y=ax+b          CALC
```

```
ax+b:L1,L2,1
1:a=0.5
2:b=0.5
3↓r²=1
```

2.

```
L1        L2        RAD L3
2         0         -------
4         4
6         0
-------   -------
L2(4)=
```

```
STAT-REG DISTR
6↑RecipReg a/x+b
7:QuadraticReg
8↓CubicReg
```

```
xDATA:  L1 L2 L3
yDATA:  L1 L2 L3
 FREQ:  ONE L1 L2 L3
RegEQ→: NO f(x) g(x)
y=ax^2+bx+c     CALC
```

```
QuadReg:L1,L2,1
1:a=⁻1
2:b=8
3↓c=⁻12
```

3.

```
L1        L2        RAD L3
0         2000      -------
30        1000
60        500
90        250
L2(1)=2000
```

```
STAT-REG DISTR
 ↑PwrReg ax^b
 :ExpReg ab^x
 :expReg ae^(bx)
```

```
xDATA:  L1 L2 L3
yDATA:  L1 L2 L3
 FREQ:  ONE L1 L2 L3
RegEQ→: NO f(x) g(x)
y=ae^(bx)       CALC
```

```
ae^(bx):L1,L2,1
1:a=2000
2:b=⁻0.023104906
3↓r²=1
```

10.4 Kapitel 4 – Terme

1. a)

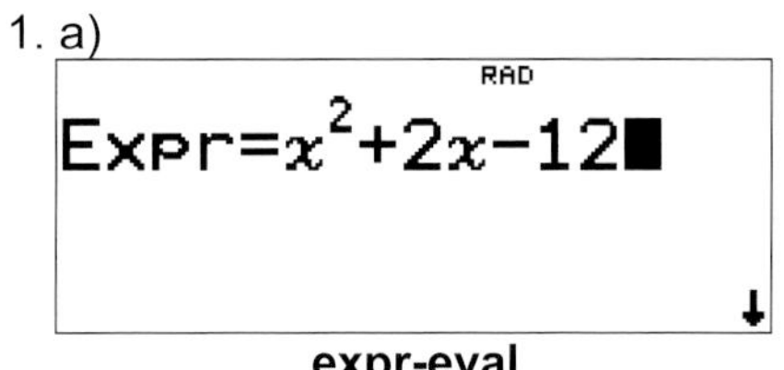

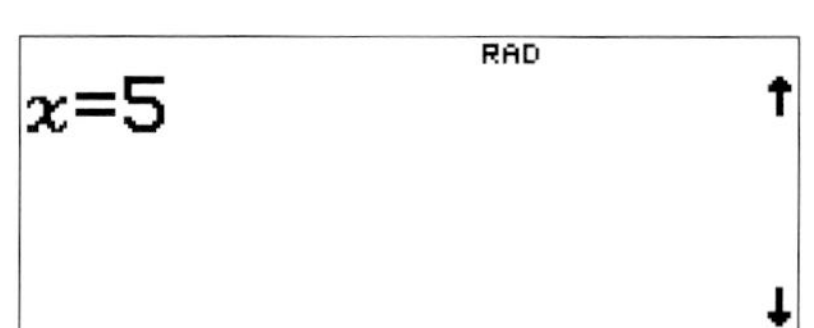

expr-eval

RAD

$x^2+2x-12$ 23

b)

RAD

$x*e^{y*z}$

1.839397206

$A = x = 5,$
$B = y = -0{,}5,$
$x = z = 2$

10.5 Kapitel 5 - Umrechnungen

1.	a)	20 m/s	=	72 km/h
	b)	35 m/s	=	126 km/h
	c)	17 m/s	=	61,2 km/h
	d)	100 °C	=	212 °F
	e)	30 °F	=	-1,1 °C

2. Rechne um!

a)	2 Inch	in cm	=	5,08 cm
b)	100 Yard	in m	=	91,44 m

10.6 Kapitel 7 – Gleichungen und Gleichungssysteme

1. a)

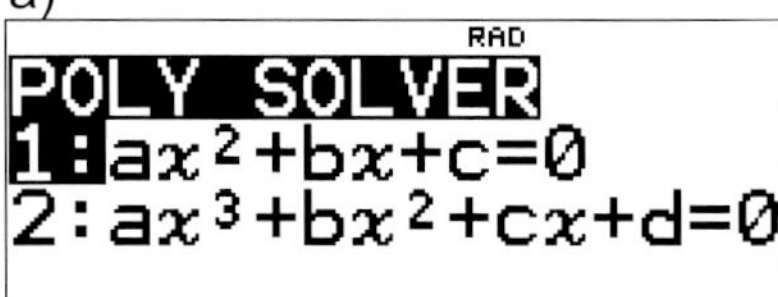

RAD
$ax^2+bx+c=0$
$x1= -4$

RAD
$ax^2+bx+c=0$
$x2= -6$

b)

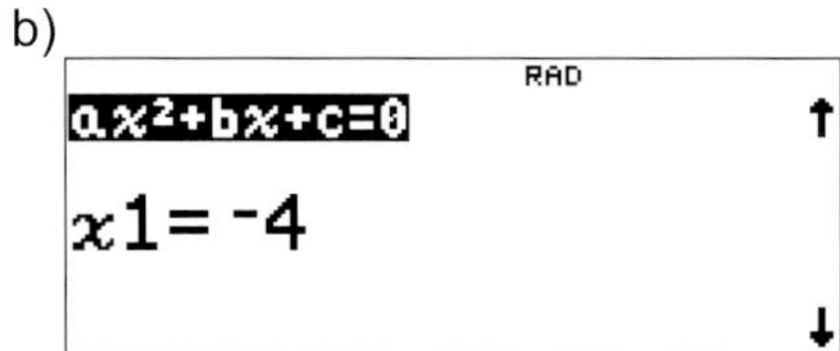

2. a)

RAD
SYSTEM SOLVER
1:2x2 Linear EQs
2:3x3 Linear Sys

RAD
(2)x+(3)y= 14
(1)x-(3)y= 10
SOLVE

RAD
LINEAR SYSTEM SOLUTION
$x=8$

RAD
LINEAR SYSTEM SOLUTION
$y= -\frac{2}{3}$

b)

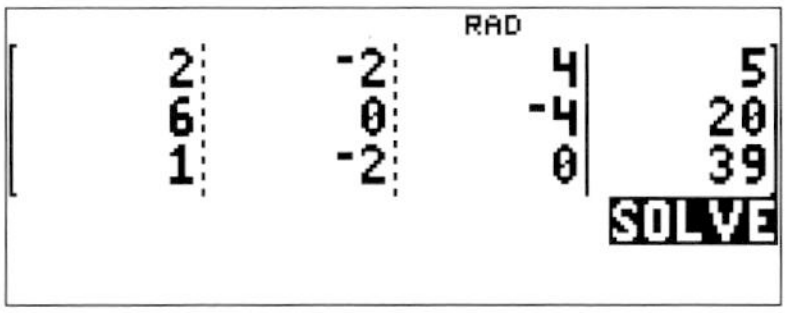

RAD

$$\left[\begin{array}{ccc|c} 2 & -2 & 4 & 5 \\ 6 & 0 & -4 & 20 \\ 1 & -2 & 0 & 39 \end{array}\right]$$

SOLVE

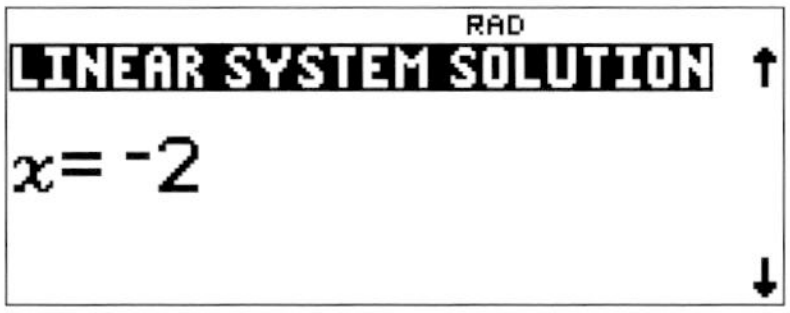

RAD

LINEAR SYSTEM SOLUTION

$x = -2$

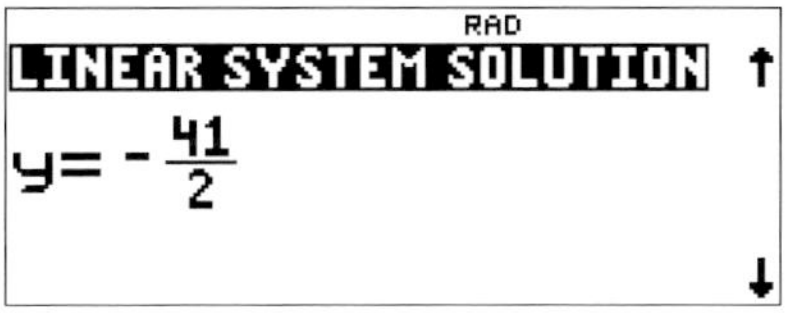

RAD

LINEAR SYSTEM SOLUTION

$y = -\frac{41}{2}$

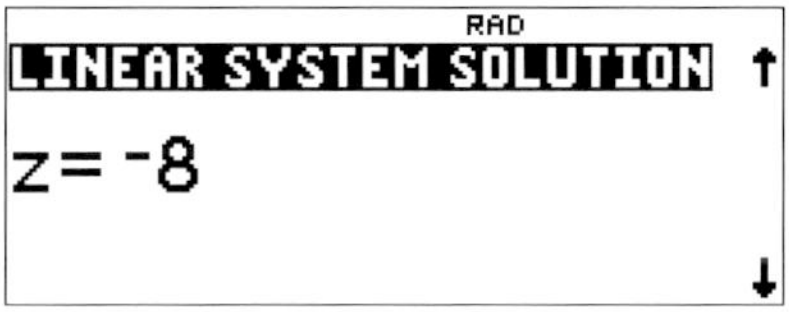

RAD

LINEAR SYSTEM SOLUTION

$z = -8$

11 Anhang

A Wichtige Befehle | Shortcuts

Thema — **Tasten / Befehle / Menü**

Allgemeine Einstellungen / Berechnungen

Bogenmaß, Gradmaß

quit
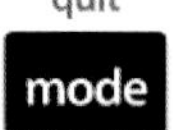

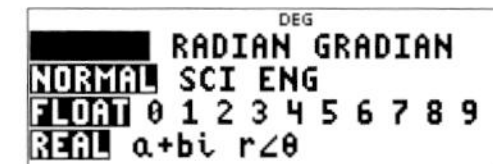

Dezimaldarstellung in Bruchdarstellung umwandeln.

f◂▸d

Einheiten umrechnen

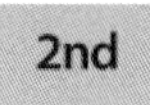

convert

Primfaktorzerlegung

matrix
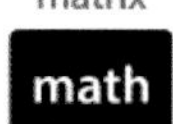

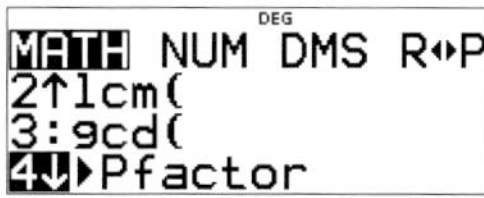

---

ggT = größter gemeinsamer Teiler

matrix
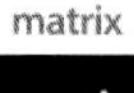

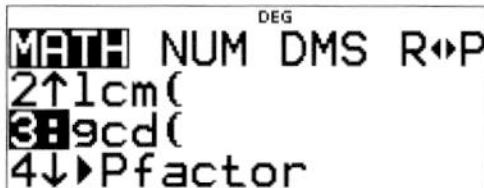

---

kgV = kleinstes gem. Vielfaches

matrix
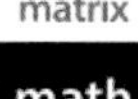

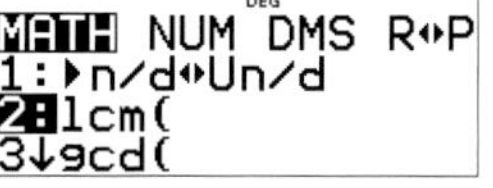

Gleichungen 2. – 4. Grades

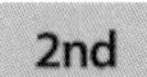

poly-solv
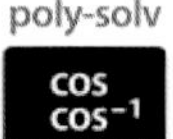

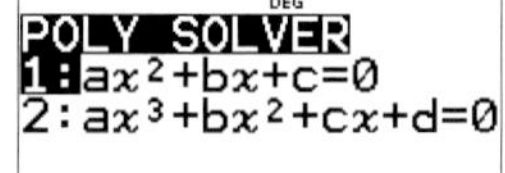

Thema — Tasten / Befehle / Menü

Allgemeine Einstellungen / Berechnungen

Gleichungssysteme

sys-solv

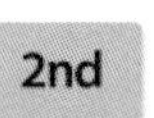

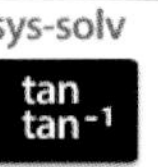


```
DEG
SYSTEM SOLVER
1:2x2 Linear EQs
2:3x3 Linear Sys
```

Gleichungen
Numerisch lösen

num-solv

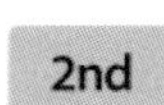

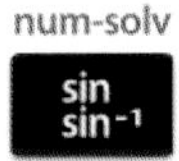

Regression

Lineare Regression

stat-reg/distr

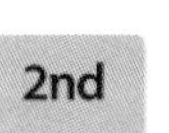

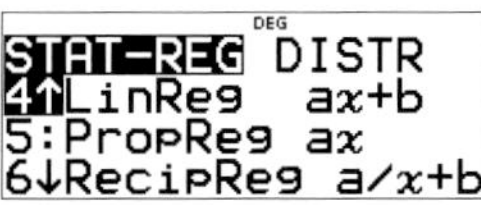

Quadratische Regression

stat-reg/distr

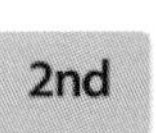

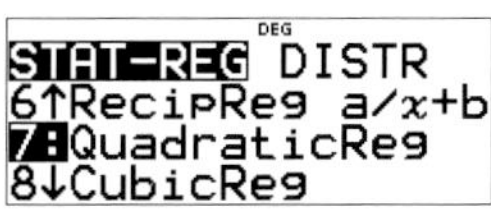

Exponentielle Regression

stat-reg/distr

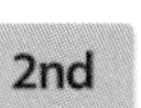

```
DEG
STAT-REG DISTR
 ↑PwrReg ax^b
 :ExpReg ab^x
 :exPReg ae^(bx)
```

Thema	Tasten / Befehle / Menü	
Vektorrechnung		
Vektoren definieren	2nd, EE (vector)	DEG NAMES MATH EDIT 1:[u] dim=3 2:[v] dim=3 3↓[w] dim=3
Skalarprodukt	2nd, EE (vector), ▸	DEG NAMES MATH EDIT 1:DotProduct 2:CrossProduct 3:norm magnitude
Vektorprodukt	2nd, EE (vector), ▸, ▾	DEG NAMES MATH EDIT 1:DotProduct 2:CrossProduct 3:norm magnitude
Analysis		
Ableitung einer Funktion	2nd, ln log (d/dx □)	DEG $\frac{d}{dx}(\blacksquare)\vert_{x=\square}$
Integral einer Funktion	2nd, $e^{\square}$ $10^{\square}$ ($\int_{\square}^{\square}\square\, dx$)	DEG $\int_{\square}^{\square}(\square)\, dx$

Thema	Tasten / Befehle / Menü	
Wahrscheinlichkeitsrechnung		
Fakultät $n!$	random [! nCr nPr]	DEG 5!
Kombinationen nCr	random [! nCr nPr] (2)	DEG 49 nCr 6 13983816
Permutationen nPr	random  (3)	DEG 49 nPr 6 1.006834752E10
Wahrscheinlichkeit einer Binomialverteilung	stat-reg/distr 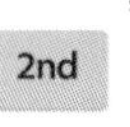  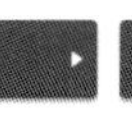  (3)	DEG STAT-REG DISTR 2↑Normalcdf 3:invNormal 4↓Binomialpdf
Kumulierte Wahrsch. einer Binomialverteilung	stat-reg/distr [2nd] [data]  [▾] (4)	DEG STAT-REG DISTR 3↑invNormal 4:Binomialpdf 5↓Binomialcdf
Wahrscheinlichkeit einer Normalverteilung	stat-reg/distr [2nd] [data] [▸]	DEG STAT-REG DISTR 1:Normalpdf 2:Normalcdf 3↓invNormal
Kumulierte Wahrsch. einer Normalverteilung	stat-reg/distr [2nd]   	DEG STAT-REG DISTR 1:Normalpdf 2:Normalcdf 3↓invNormal

B Übungsaufgaben

B.1 Bruchrechnen

1. Aufgabe: Berechne

a) $\frac{15}{24}:\frac{5}{12}$ b) $-\frac{22}{7}:\left(-\frac{33}{14}\right)$ c) $\frac{128\,kg}{32}$ d) $\frac{357\,€}{51\,€}$

2. Aufgabe: Berechne

a) $0{,}36\,:\,0{,}9$ b) $2{,}56\,:\,16$ c) $0{,}324\,:\,0{,}009$

3. Aufgabe: Wie oft sind enthalten

a) $\frac{3}{8}\,kg$ in $4\frac{1}{8}\,kg$ b) $1\frac{1}{5}\,h$ in $6\,h$ c) $2{,}5\,km$ in $11{,}25\,km$

4. Aufgabe: Berechne

a) $\frac{1}{8}+\frac{0{,}7-(0{,}4)^2}{0{,}18}$ b) $\frac{4\cdot 0{,}3\,+\,0{,}4\cdot 3}{0{,}24}$ c) $\frac{\frac{3}{5}\cdot\frac{3}{2}+0{,}1}{0{,}01}$

5. Aufgabe: Textaufgabe

An deiner Schule besuchen 54 Schüler eine Musikklasse. Das sind $\frac{3}{50}$ aller Schüler der Schule. Wie viele Schüler hat deine Schule in diesem Fall insgesamt?

6. Aufgabe: Textaufgabe

Für deine Stadt findest du folgende Niederschlagstabelle.

Monatswerte Niederschlag in l/m²:

Monat/Jahr	2003	2005
Januar	71,8	42,7
Februar	13,3	43,1
März	16,5	23,4
April	20,8	45,9
Mai	81,8	46,2
Juni	22,2	55,0
Juli	44,3	67,8
August	32,7	48,7
September	35,1	57,1
Oktober	45,0	28,6
November	28,1	37,5
Dezember	30,8	34,5

a) Berechne für jedes Jahr den Monatsdurchschnitt (Mittelwert der monatl. Niederschlagsmenge), runde auf eine Stelle hinter dem Komma!

b) In welchem Jahr regnete es am meisten?

c) In welchem Monat, in welchem Jahr gab es den größten Niederschlag?

B.2 Prozentrechnung

Die MwSt. beträgt in diesen Aufgaben immer 7 %.

1.	Brutto:	7,95 €	Netto:		MwSt. Betrag:	
2.	Brutto:	10,95 €	Netto:		MwSt. Betrag:	
3.	Brutto:	12,00 €	Netto:		MwSt. Betrag:	
4.	Brutto:	30,00 €	Netto:		MwSt. Betrag:	
5.	Brutto:	24,90 €	Netto:		MwSt. Betrag:	
6.	Brutto:	1,28 €	Netto:		MwSt. Betrag:	
7.	Brutto:	99,00 €	Netto:		MwSt. Betrag:	
8.	Brutto:		Netto:	2,33 €	MwSt. Betrag:	
9.	Brutto:		Netto:	24,11 €	MwSt. Betrag:	
10.	Brutto:		Netto:	0,93 €	MwSt. Betrag:	
11.	Brutto:		Netto:	0,93 €	MwSt. Betrag:	
12.	Brutto:		Netto:	0,46 €	MwSt. Betrag:	
13.	Brutto:		Netto:	1,30 €	MwSt. Betrag:	
14.	Brutto:		Netto:	45,79 €	MwSt. Betrag:	
15.	Brutto:		Netto:	1,21 €	MwSt. Betrag:	
16.	Brutto:		Netto:		MwSt. Betrag:	0,84 €
17.	Brutto:		Netto:		MwSt. Betrag:	1,31 €
18.	Brutto:		Netto:		MwSt. Betrag:	1,14 €
19.	Brutto:		Netto:		MwSt. Betrag:	1,31 €
20.	Brutto:		Netto:		MwSt. Betrag:	45,79 €

B.3 Zinsrechnung

Nachricht 1: Börse aktuell

Frankfurt/Main - Die PeKomm Aktie hatte zu Jahresbeginn 2000 einen Börsenkurs von 78,50 €. Die Wertentwicklung sah wie folgt aus:

Im 1. Jahr, Jan-Dez: +15 %
Im 2. Jahr, Jan-Dez: -7 %
Im 3. Jahr, Jan-Dez: +12 %
Im 4. Jahr, Jan-Dez: +18 %

Bei welchem Kurs steht die Aktie am Ende des 4. Jahres?

Nachricht 2:
Januar bis September 2006: 8,3 % mehr Güter auf deutschen Schienen

WIESBADEN – Auf deutschen Schienenwegen wurden nach Mitteilung des Statistischen Bundesamtes von Januar bis September 2006 253,2 Millionen Tonnen an Gütern transportiert. Das war gegenüber dem entsprechenden Vorjahreszeitraum ein Plus von 8,3 %. Wie viele Millionen Tonnen wurden im Vergleichszeitraum 2005 transportiert?

Nachricht 3: Ein Haus 2006 oder 2007 kaufen?

Ein Immobilienmakler erhält bei der Vermittlung eines Hauses eine Provision von 3 %. Auf diesen Betrag muss zusätzlich noch die Mehrwertsteuer (bis 31.12.2006: 16 %, ab 01.01.2007: 19 %) gezahlt werden.
Familie Schlaufuchs interessiert sich für ein Haus, das im Jahr 2006 249.000,- € kosten soll. Im Januar 2007 könnte man das gleiche Haus für 246.000,- € kaufen, wenn da nicht die Mehrwertsteuererhöhung wäre und dadurch die Maklerprovision steigen würde. Stelle die Kosten dar. Wann ist ein Kauf günstiger, heute oder im Januar 2007?

Nachricht 4: Sparen für den Führerschein

Die durchschnittliche Verzinsung für ein Sparguthaben beträgt 2 %.
Die Zinsen werden am Ende jeden Jahres dem Konto gutgeschrieben und vergrößern das Guthaben. Bei deiner Geburt wurde ein Sparbuch angelegt. Nach genau 13 Jahren beträgt das Guthaben 4527,62 €.

a) Wie hoch war der Betrag, der vor 13 Jahren angelegt wurde?
b) Wie viel Geld wird auf dem Sparbuch zu deinem 18. Geburtstag sein?

B.4 Anwendungsaufgabe – Fliesen verlegen

In der Küche von Familie Müller sollen Bodenfliesen verlegt werden.
Die Grundfläche hat folgende Form und Maße:

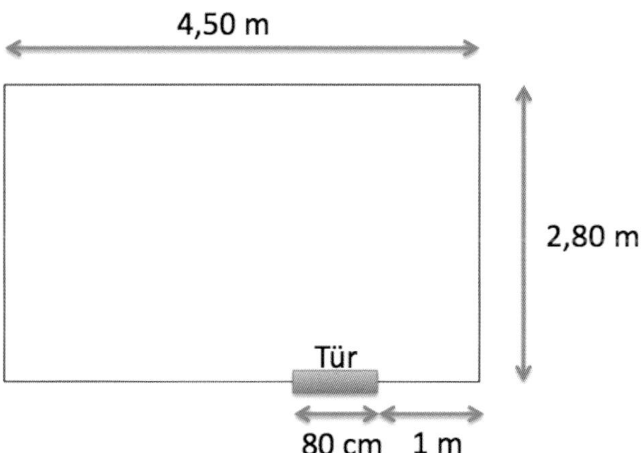

Preise:
Material Arbeitskosten

1 m² Fliesen: 35,00 € 1 m² Fliesen verlegen: 29,00 €
1 m² Fliesen-Fugenmasse: 5,80 € 1 m² Fugen ausfüllen: 15,00 €
1 m² Fliesenkleber: 8,90 €

Alle Preise verstehen sich netto ohne MwSt.

Es sollen rechteckige Fliesen der Größe 25 cm x 40 cm verwendet werden.

Aufgaben

a) Wie viele Quadratmeter Fliesen müssen verlegt werden?

b) Wie viele Fliesen sind das insgesamt?

c) Fertige eine Skizze an, wie die Fliesen am besten gelegt werden, um die geringste Anzahl an Fliesen zu benötigen.

d) Wie hoch wird die Rechnung einschließlich der MwSt. von 19 %?

B.5 Anwendungsaufgabe - Renovierung des Wohnzimmers

Das Wohnzimmer soll renoviert werden. Das Zimmer ist L-förmig und die Maße können der Skizze entnommen werden. Die Höhe des Zimmers beträgt 2,30 m. Die Eingangstür ist einschließlich Türrahmen 110 cm breit und 210 cm hoch. Die Fenster sind alle gleich groß. Sie sind 1,50 m breit und 90 cm hoch. Alle Wände und die Decke sollen neu angestrichen werden. **Hinweis:** Das Zimmer hat eine Fußbodenheizung, sodass keine Heizkörper an den Wänden hängen!

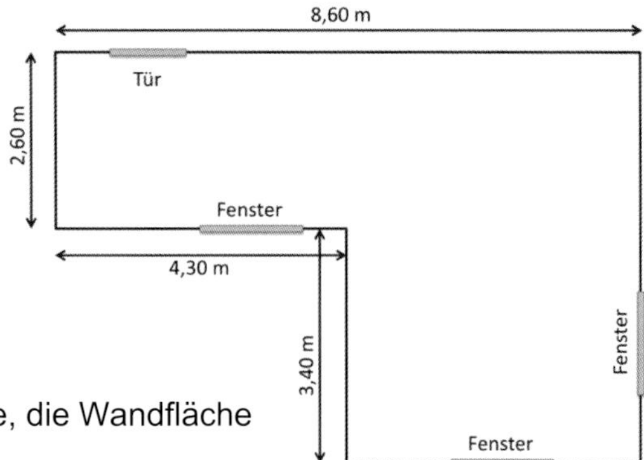

Aufgaben

a) Wie groß ist die Deckenfläche, die Wandfläche und die Gesamtfläche in m²?

b) Welches Angebot der beiden Malerfirmen ist günstiger?

Firma KLECKSEL macht folgendes Angebot:

1 m² Farbe: 2,10 €
1 m² Wand anstreichen: 4,80 €
1 m² Bodenfläche abkleben: 1,20 €

Firma FARBENFROH mach folgendes Angebot:

1 h Stundenlohn für die Arbeit des Malergesellen: 21,50 €
1 h Stundenlohn für die Arbeit des Malermeisters: 35,70 €
Materialkosten Farbe: 400,00 €
Materialkosten Kleinteile: 120,00 €
Für den berechneten Raum wird folgende Zeit benötigt:
25 h Arbeit für den Malergesellen, 12 h Arbeit für den Malermeister.

Alle Preise zuzüglich der Mehrwertsteuer von 19 %.
Bei Barzahlung erhält man noch 3 % Rabatt auf den Rechnungsbetrag.

B.6 Anwendungsaufgabe - Hausbau
Das Dach, umbauter Raum und Baukosten

Ein freistehendes Haus hat eine Dachneigung von 30° und folgende Maße:

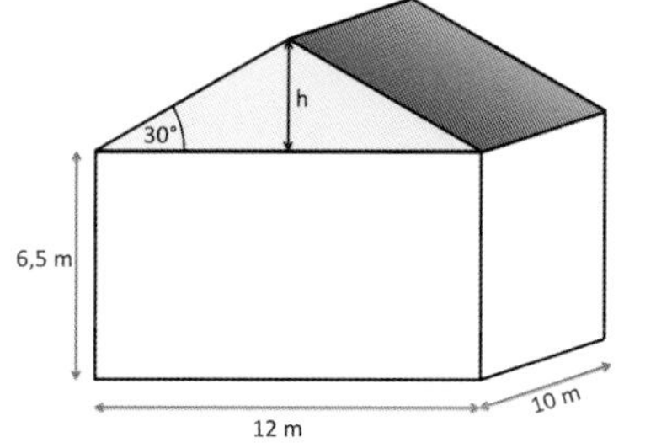

Lage der Dachziegel

Bild eines Firstziegels

Aufgaben

a) Wie groß ist die Dachfläche in m² und die Dachhöhe h in cm?

b) Ein rechteckiger Ziegelstein hat die Abmessungen 41 cm x 27 cm, wiegt 3 kg und kostet 1,20 € zuzüglich der Mehrwertsteuer von 19 %. Die Ziegelsteine überdecken sich bei der Eindeckung des Dachs um etwa 8 % ihrer Fläche. Für den Dachabschluss am First benötigt man 2,5 Firstziegel pro Meter. Ein Firstziegel kostet 12,- € und wiegt 1,2 kg.

1. Wie viele Ziegelsteine und wie viele Firstziegel werden zum Eindecken des Dachs benötigt?
2. Wie groß ist die Masse aller Ziegelsteine zusammengenommen?
3. Was kosten alle Ziegelsteine zusammen (Dachziegel + Firstziegel)?

c) Für eine Kostenschätzung der gesamten Baukosten (Rohbau + alle Installationen, Heizung, Bad, Fenster usw.) berechnet der Architekt das umbaute Volumen des Hauses: Stockwerke als Quader und das Dach als Prisma!
Anschließend werden je 1 m³ Volumen umbauter Raum Kosten in Höhe von 1500,- € angenommen. Auf diese Weise kann man die Baukosten abschätzen und grob im Voraus berechnen.

1. Wie groß ist das umbaute Volumen?
2. Wie hoch sind die zu erwartenden Baukosten?

B.7 Prozentrechnung / Verhältnisse / Dreisatz gemischt

1. Im Zoo ist in den Sommerferien Hochsaison. Von allen Besuchern hatten heute 27 % eine Jahreskarte. Das waren insgesamt 278 Personen. Wie viele Personen waren heute im Zoo?

2. In die Fußball-Arena passen 68 000 Zuschauer. 72 % aller Plätze sind durch Dauerkarten bereits reserviert. Heute befinden sich 67 400 Zuschauer im Stadion. Dabei sind 95 % aller Dauerkarten-Besitzer im Stadion.

   a) Wie viele Karten wurden an der Kasse noch verkauft?
   b) Von allen einzeln verkauften Karten wurden 23 % an die Fans der Auswärtsmannschaft vergeben. Wie viele Fans der Auswärtsmannschaft sind im Stadion?

3. Nach einem langen Streit um die Lohnerhöhungen wurde vereinbart, alle Löhne um 2,8 % zu erhöhen, jedoch mindestens um 50 €.

   a) Berechne die Lohnerhöhungen für folgende Gehälter:
   1200 €, 2500 €, 4200 €.
   b) Ab welchem Gehalt bekommt jemand mehr als den Mindestbetrag von 50 € Lohnerhöhung?

4. Eine kleine Molkerei verarbeitet in dieser Woche 150 000 Liter Milch zu Butter. Aus 20 Litern Mich werden 4 Päckchen Butter zu je 250 g hergestellt. Je Liter Milch bezahlt die Molkerei den Bauern 18 Cent.
   1 Liter Milch wiegt 1,02 kg.

   a) Wie viele kg Butter werden in dieser Woche produziert?
   b) Wie viel Gramm Butter kann man aus 1 Liter Milch herstellen?
   c) Was kostet die Produktion von einem Päckchen Butter, wenn man nur die Kosten für den Rohstoff Milch betrachtet?

5. Um 1 kg Käse herzustellen benötigt man zwischen 15 und 20 Liter Milch, je nach Käsesorte und Fettgehalt der unbehandelten Milch. Wir rechnen mit 17 Litern Milch für 1 kg Käse. Eine Käserei möchte am Tag 25 kg Käse herstellen und diesen für 1,95 € je 100 g verkaufen. Die Milch wird direkt vom Biobauern aus dem Dorf für 25 Cent je Liter eingekauft.

   a) Wie viele Liter Milch muss die Käserei einkaufen, um den Käse produzieren zu können?
   b) Was kostet die Milch für eine Tagesproduktion?
   c) 5 % der Produktion wird im Laufe des Tages zum Probieren kostenlos auf der Theke angeboten. Wie viel Euro hat die Käserei an diesem Tag eingenommen, wenn am Ende des Tages 90 % der Produktion verkauft wurden?

B.8 Quadratische Gleichungen / Parabeln

1. Bestimme die Lösungsmengen der folgenden quadratischen Gleichungen! Forme ggf. so um, dass die Gleichung mit dem Taschenrechner gelöst werden kann!

a) $4x^2 - 13 = 87$

b) $(x - 11)^2 + 14 = 10$

c) $(2x + 13)^2 - 83 = 61$

d) $x^2 - 15x + 60 = 6$

e) $(x - 5)(2x - 17) - 84 = (x - 7)(3x + 1)$

f) $x - \frac{1}{x} = 4{,}8$

2. Bringe die Funktionen auf Scheitelpunktform und bestimme den Scheitelpunkt!

a) $f(x) = x^2 - 8x + 10$

b) $f(x) = -0{,}5x^2 + 4x - 5$

c) $f(x) = -2 \cdot (x - 1) \cdot (x + 3)$

3. Wie viele Nullstellen hat die Funktion?

a) $f(x) = (x - 3)^2 - 2$

b) $f(x) = -0{,}25 \cdot (x + 3)^2 - 2$

c) $f(x) = x^2 - x + 2$

B.9 Kreis und Trigonometrie

1. Ein Fahrrad hat einen Reifendurchmesser von 26 Zoll. 1 Zoll ist definiert als 25,4 mm. Mit dem Fahrrad werden an einem schönen sonnigen Sommertag 15 km zurückgelegt. Wie oft hat sich das Vorderrad an diesem Tag gedreht?

2. Rechne die folgenden Winkel im Gradmaß in das Bogenmaß um.

a) 25° b) 90° c) 135° d) 335°

3. Rechne die folgenden Bogenmaß-Winkel ins Gradmaß um.

a) $\frac{5\pi}{4}$ b) $\frac{7\pi}{8}$ c) 1 d) 2,8

4. Bestimme den grau schraffierten Flächeninhalt der folgenden Figuren!

a)

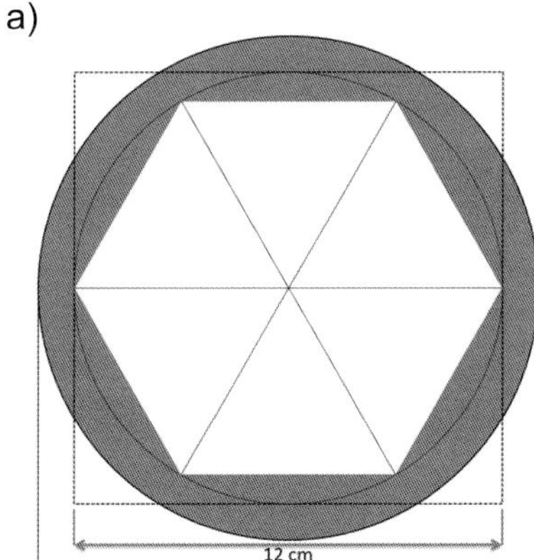

b)

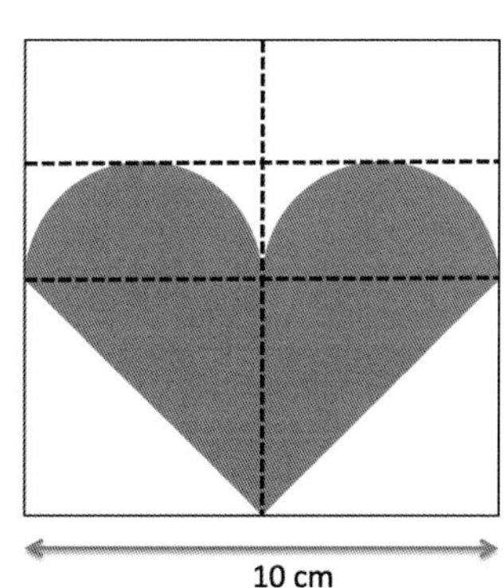

5. Bestimme die fehlenden Seiten/Winkel der folgenden rechtwinkligen Dreiecke!

a) $\alpha = 90°, \beta = 24°, c = 4\ cm$

b) $a = 2{,}3\ cm, c = 3{,}3\ cm, \beta = 90°$

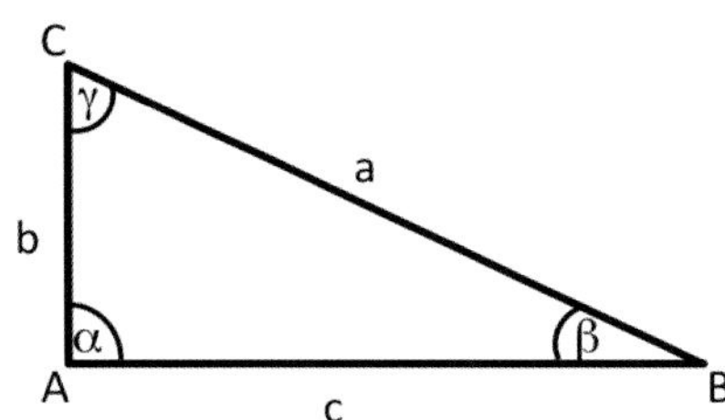

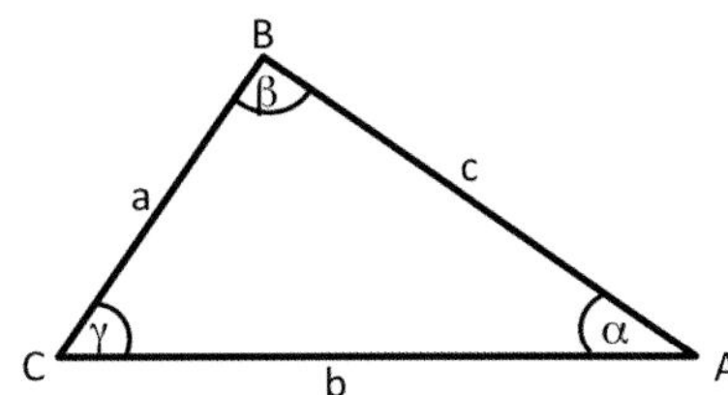

6. Bestimme den Flächeninhalt des abgebildeten Kreissektors. Bestimme zunächst den Winkel α !

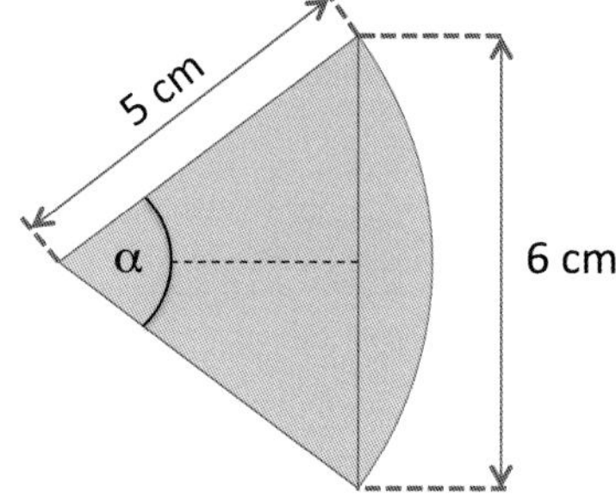

B.10 Stereometrie und Körperberechnungen

1. Eine Orange hat einen Durchmesser von d = 8 cm.
Berechne Volumen und Oberfläche.

2. Berechne das Volumen und die Oberfläche des abgebildeten Rotationskörpers (schaffierte Fläche). Stelle hierzu zunächst jeweils einen Rechenausdruck auf! Benenne jeweils die einzelnen Körper, die du zur Berechnung verwendest!

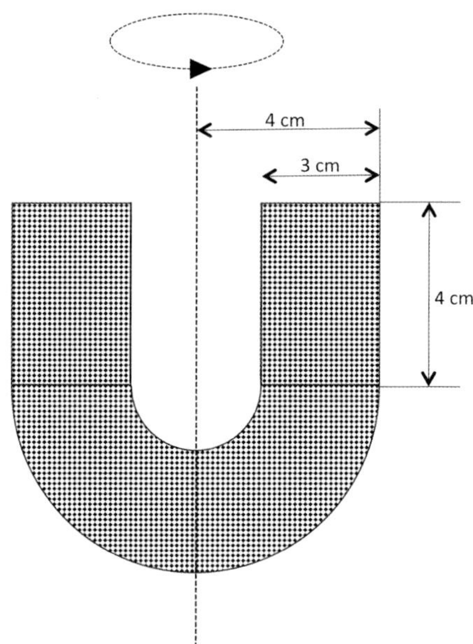

3. Die Mittlere Pyramide der Pyramiden von Gizeh (die Chephren-Pyramide) war ursprünglich 143,5 m hoch und hatte eine quadratische Grundfläche mit der Seitenlänge $a = 215{,}25\ m$. Berechne das Volumen und die sichtbare Oberfläche.

4. Alle Kanten eines Prismas mit gleichmäßiger 6-eckiger Grundfläche haben alle die Länge l = 5 cm. Berechne die Oberfläche dieses Prismas und sein Volumen. Fertige hierzu eine Zeichnung der Grundfläche an.

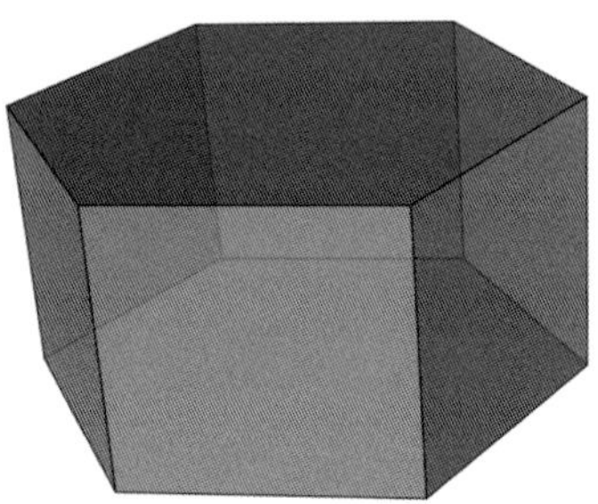

5. Eine zylindrische Getränkedose aus Aluminium hat ein Verhältnis von Höhe zu Durchmesser von 1,76. D.h. beträgt der Durchmesser 8 cm, so ist die Höhe 14,08 cm. Eine solche Dose soll ein Volumen von 250 ml (=250 cm^3) haben.

a) Stelle einen Rechenausdruck für das Volumen auf, der nur den Durchmesser d enthält.
b) Welche Höhe und welchen Durchmesse muss die Dose haben?

6. Ein Holzspielzeug besteht aus einer Halbkugel und einem Kegel aus Eichenholz (siehe Bild).

Berechne das Volumen und die Oberfläche.

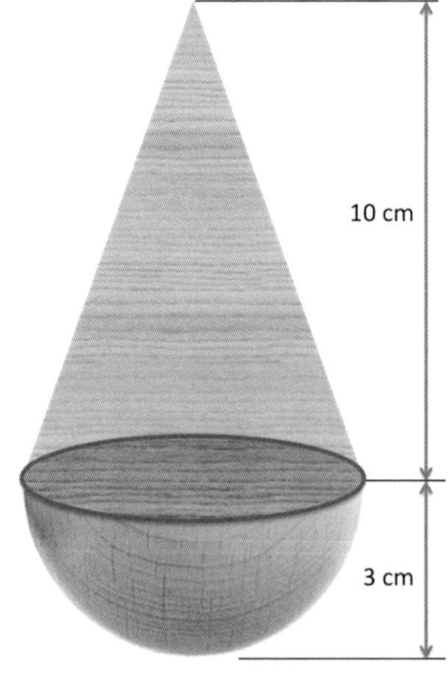

C Lösungen zu den Übungsaufgaben B.1 bis B.10

B.1 – Bruchrechnung

1. a) 3/2 b) 4/3 c) 4 kg d) 7
2. a) 0,4 b) 0,16 c) 36
3. a) 11 b) 5 c) 4,5
4. a) 25/8 b) 10 c) 100
5. Die Schule hat 900 Schüler.
6. a) Summe 2003 442,4 : 12 = 36,9
   2005 530,5 : 12 = 44,2

   b) In 2005 gab es mehr Regen.

   c) In 2003 im Mai: 88,1 l/m^2
   In 2005 im Juli: 67,8 l/m^2

B.2 – Prozentrechnung

1. Brutto: 7,95 €	Netto: 7,43 €	MwSt. Betrag: 0,52 €
2. Brutto: 10,95 €	Netto: 10,23 €	MwSt. Betrag: 0,72 €
3. Brutto: 12,00 €	Netto: 11,21 €	MwSt. Betrag: 0,79 €
4. Brutto: 30,00 €	Netto: 28,04 €	MwSt. Betrag: 1,96 €
5. Brutto: 24,90 €	Netto: 23,27 €	MwSt. Betrag: 1,63 €
6. Brutto: 1,28 €	Netto: 1,20 €	MwSt. Betrag: 0,08 €
7. Brutto: 99,00 €	Netto: 92,52 €	MwSt. Betrag: 6,48 €
8. Brutto: 2,49 €	Netto: 2,33 €	MwSt. Betrag: 0,16 €
9. Brutto: 25,80 €	Netto: 24,11 €	MwSt. Betrag: 1,69 €
10. Brutto: 1,00 €	Netto: 0,93 €	MwSt. Betrag: 0,07 €
11. Brutto: 0,99 €	Netto: 0,93 €	MwSt. Betrag: 0,06 €
12. Brutto: 0,49 €	Netto: 0,46 €	MwSt. Betrag: 0,03 €
13. Brutto: 1,39 €	Netto: 1,30 €	MwSt. Betrag: 0,09 €
14. Brutto: 49,00 €	Netto: 45,79 €	MwSt. Betrag: 3,21 €
15. Brutto: 1,29 €	Netto: 1,21 €	MwSt. Betrag: 0,08 €
16. Brutto: 12,80 €	Netto: 11,96 €	MwSt. Betrag: 0,84 €
17. Brutto: 19,95 €	Netto: 18,64 €	MwSt. Betrag: 1,31 €
18. Brutto: 17,50 €	Netto: 16,36 €	MwSt. Betrag: 1,14 €
19. Brutto: 20,00 €	Netto: 18,69 €	MwSt. Betrag: 1,31 €
20. Brutto: 700,00 €	Netto: 654,21 €	MwSt. Betrag: 45,79 €

B.3 – Zinsrechnung

1. Die Aktie steht am Ende des Jahres bei 110,97€.
   (Nach jedem Jahr wurde auf Cent genau gerundet!)

2. 253,2 Millionen = 100% + 8,3%
   d.h. dieser Wert entspricht 108,3% des Vorjahreswertes.
   253,2 : 1,083 = 233,8 Millionen
   Im Vorjahreszeitraum wurden 233,8 Millionen Tonnen transportiert.

3. In 2006:

Kaufpreis	249.000,- €
Maklerprovision (3,0%)	7 470,- €
MwSt. auf Provision (16% von 7470,-)	1 195,20 €

	257.655,20 €

   In 2007:

Kaufpreis	246.000,- €
Maklerprovision (3,0%)	7 380,- €
MwSt. auf Provision (19% von 7380,-)	1 402,20 €

	254.782,20 €

   Das Haus ist ab Januar 2007 billiger.

4. Vor 13 Jahren wurden 3 500,- € angelegt.
   Mit 18 Jahren beträgt das Kapital 4 998,86 €.

   Die Rechnung beträgt im neuen Jahr 1328,49 € nur aufgrund der MwSt.-Erhöhung.

B.4 – Fliesen verlegen

a) A = 12,6 m² b) n = 126 d) 1404,94 €

B.5 – Renovierung

a) Deckenfläche: 36,98 m², Wandfläche: 60,8 m²,
   Gesamtfläche: 97,78 m²
b) Klecksel: 855,68 €, Farbenfroh: 1715,17 €. Klecksel ist billiger.

B.6 - Hausbau

a) Höhe: 3,46 m, Fläche: 138,56 m^2

b) Ziegelsteine: n = 1361, Firstziegel: 25
Gewicht: 4113 kg, Preis: 2300,51 €

c) Volumen: 987,6 m^3, Preis: 1481400 €

B.7 - Prozentrechnung / Verhältnisse / Dreisatz gemischt

1) 1030

2) a) Dauerkartenbesitzer: 46512, Verkaufte Karten a. d. Kasse: 20888
b) 4804

3) a) 1250 € 2570 € 4317,6 €
b) 1785,71 €

4) a) 7500 kg, b) 50 g, c) 0,9 €

5) a) V = 425 l b) 106,25 € c) 438,75 €

B.8 – Quadratische Gleichungen / Parabeln

1) a) $L = \{-5;\ 5\}$ b) keine Lösung!
c) $L = \{-\frac{25}{2};\ -\frac{1}{2}\}$ d) $L = \{6;\ 9\}$
e) $L = \{-8;\ 1\}$ f) $L = \{-0{,}2;\ 5\}$

2) a) $f(x) = (x-4)^2 - 6$ Scheitelpunkt: $S\ (4\ |-6)$

b) $f(x) = -\frac{1}{2}(x-4)^2 + 3$ Scheitelpunkt: $S\ (4\ |\ 3)$

c) Scheitelpunkt zwischen den Nullstellen 1 und -3 ist -1.
$x = -1$ einsetzen, $f(-1) = 8$; Scheitelpunkt: $S\ (-1\ |8)$

3) a) $f(x) = x^2 - 6x + 7$, 2 Nullstellen $x_1 = 3 - \sqrt{2}\,; x_2 = 3 + \sqrt{2}$

b) $f(x) = -0{,}25 \cdot (x^2 + 6x + 9) - 2 = -0{,}25x^2 - 1{,}5x - 4{,}25$

keine Nullstellen

c) $f(x) = x^2 - x + 2$, keine Nullstellen

B.9 – Kreis und Trigonometrie

1) Das Rad hat sich 22714 mal gedreht.

2) a) $25 \cdot \frac{\pi}{180} \approx 0{,}43633$ b) $90 \cdot \frac{\pi}{180} = \frac{\pi}{2} \approx 1{,}57$

c) $135 \cdot \frac{\pi}{180} \approx 2{,}36$ d) $335 \cdot \frac{\pi}{180} \approx 5{,}847$

3) a) $\frac{5 \cdot 180°}{4} = 225°$ b) $\frac{7 \cdot 180°}{8} = 157{,}5°$

c) $\frac{180°}{\pi} = 57{,}3°$ d) $\frac{2{,}8 \cdot 180°}{\pi} = 160{,}4°$

4) a) $A \approx 60{,}4\ cm^2$ b) $A \approx 44{,}63\ cm^2$

5) a) $\gamma = 66°$ $a \approx 4{,}38\ cm$ $b \approx 1{,}78\ cm$

b) $b \approx 4{,}022\ cm$ $\gamma \approx 55{,}12°$ $\alpha \approx 34{,}88°$

6) $\alpha \approx 74{,}74°$ $A \approx 16{,}09\ cm^2$

B.10 – Stereometrie und Körperberechnungen

1) Volumen $V = 268{,}1\ cm^3$ Oberfläche $O = 201{,}1\ cm^2$

2) Hohlzylinder: Höhe h= 4 cm
   innerer Radius r = 1 cm
   äußerer Radius R = 4 cm
   Hohlkugel: innerer Radius s = r = 1 cm
   äußerer Radius S = R = 4 cm

   Volumen $V = 320{,}4\ cm^3$

3) Volumen $V = 2\,216\,240\ m^3$
   Oberfläche $O = 77\,221\ m^2$

4) Oberfläche $O = 279{,}9\ cm^2$
   Volumen $V = 342{,}8\ cm^3$

5) a) $h = \frac{1}{2}d$ $V = \pi \cdot r^2 \cdot h = 0{,}44 \cdot \pi \cdot d^3$
   b) $d = 5{,}7\ cm$ $h = 9{,}95\ cm \approx 10\ cm$

6) Volumen $V = 150{,}8\ cm^3$
   Oberfläche $O = 154{,}95\ cm^2$

Abituraufgaben

für

TI-30X Plus MathPrint™
TI-30X Pro MathPrint™

Die Lösungen zu den Abituraufgaben können über den QR-Code oder mit diesem Link

www.calcuso.link/fb30x

auf der Webseite von Calcuso heruntergeladen werden.

D Abituraufgaben

D.1 Aufgaben zur Analysis

Aufgabe aus dem IQB-Pool – gemeinsame Aufgabenpools der Länder

Papierflieger verlassen die Hand eines Werfers in einer bestimmten Abwurfhöhe, unter einem bestimmten Abwurfwinkel und mit einer bestimmten Anfangsgeschwindigkeit. Die Flugkurven können abhängig von diesen drei Bedingungen sowie von der jeweiligen Bauweise des Papierfliegers unterschiedlich verlaufen. Im Folgenden sollen drei Typen von Flugkurven unterschieden werden, die in der Abbildung schematisch dargestellt sind.

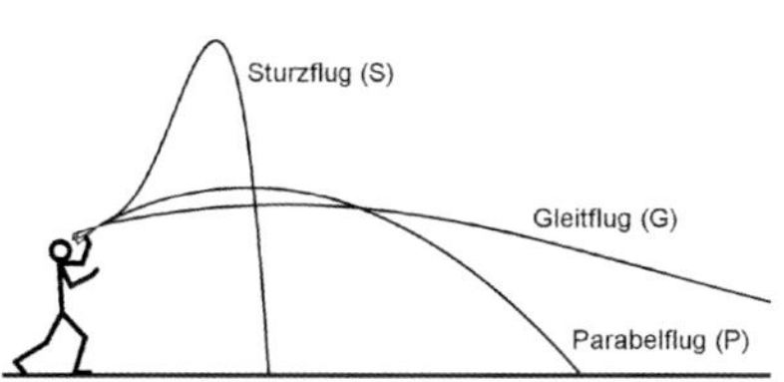

Wird die Größe der betrachteten Papierflieger vernachlässigt, können die Flugkurven bei Verwendung eines Koordinatensystems, dessen x-Achse entlang des horizontalen Bodens und dessen y-Achse durch den Abwurfpunkt verläuft, modellhaft mithilfe von Funktionen beschrieben werden. Im Folgenden soll der x-Wert der horizontalen Entfernung des Papierfliegers vom Abwurfpunkt entsprechen, der zugehörige Funktionswert der Flughöhe (jeweils in Metern).

1. Ein Papierflieger bewegt sich entlang einer Flugkurve vom Typ S.
Diese kann mithilfe der in $\mathbb{R}$ definierten Funktion s mit
$s(x) = -x^4 + 2x^3 + \frac{1}{2}x + 2$ beschrieben werden.

a) Geben Sie die Abwurfhöhe an und zeigen Sie, dass die Flugweite etwa 2,27 m beträgt.

b) Zeigen Sie, dass der Papierflieger seine maximale Flughöhe besitzt, wenn seine horizontale Entfernung vom Abwurfpunkt etwa 1,55 m beträgt. Geben Sie diese Flughöhe an.

c) Berechnen Sie die Koordinaten der beiden Wendepunkte des Graphen von s und geben Sie die jeweilige Steigung des Graphen von s in den Wendepunkten an.

d) Beschreiben Sie die Bedeutung des Wendepunkts mit der größeren x-Koordinate im Hinblick auf die Steigung der Flugkurve des Papierfliegers.

2. Im Folgenden wird ein Papierflieger betrachtet, der sich bei jedem Flug entlang einer Flugkurve vom Typ P bewegt. Er wird in 2 m Höhe abgeworfen und erreicht seine größte Höhe in einer horizontalen Entfernung von 2 m vom Abwurfpunkt. Seine möglichen Flugkurven lassen sich näherungsweise mithilfe ganzrationaler Funktionen zweiten Grades beschreiben.

a) Begründen Sie, dass die möglichen Flugkurven dieses Papierfliegers im Modell durch den Punkt (4|2) verlaufen.

b) Zeigen Sie, dass sich alle möglichen Flugkurven dieses Papierfliegers im Modell mithilfe der in $\mathbb{R}$ definierten Funktionen $p_k(x) = -0{,}25k \cdot x^2 + k \cdot x + 2$ und $k \in \mathbb{R}^+$ beschreiben lassen.

c) Ermitteln Sie denjenigen Wert von k, für den der Papierflieger eine Flugweite von 6 m hat. Skizzieren Sie die Graphen der Funktionen $p_{\frac{1}{4}}$ und $p_{\frac{2}{3}}$.

d) Ist ein Kurvenstück Graph einer in $[a; b]$ mit $a, b \in \mathbb{R}$ definierten Funktion h mit erster Ableitungsfunktion h', so gilt für die Länge L dieses Kurvenstücks: $L = \int_a^b \sqrt{1 + \left(h'(x)\right)^2} dx$.
Untersuchen Sie rechnerisch, ob $p_{\frac{1}{4}}$ oder $p_{\frac{2}{3}}$ die längere Flugkurve beschreibt.

e) Bestimmen Sie den Wert von k so, dass der Abwurfwinkel der mithilfe von pk beschriebenen Flugkurve ebenso groß ist wie der Abwurfwinkel der mithilfe der Funktion s beschriebenen Flugkurve.

3. Die größten Flugweiten erzielen Papierflieger mit Flugkurven des Typs G. Eine solche Flugkurve soll mithilfe der in $\mathbb{R}$ definierten Funktion g mit $g(x) = 2e^{-0{,}02x^2+0{,}1x}$ beschrieben werden.

a) Beurteilen Sie die Eignung von g zur modellhaften Beschreibung der Flugkurve bezogen auf den Verlauf des Graphen von g für $x \to \infty$.

b) Die Flugweite beträgt 15,3 m. Der erste Teil der Flugkurve lässt sich mithilfe von g beschreiben. Ab einem bestimmten Punkt kann der weitere Verlauf der Flugkurve bis zum Boden durch eine Gerade dargestellt werden. Dieser zweite Teil der Flugkurve hat eine Länge von 10,6 m. Bestimmen Sie die horizontale Entfernung des Übergangs vom ersten zum zweiten Teil der Flugkurve vom Abwurfpunkt und prüfen Sie, ob dieser Übergang ohne Knick erfolgt.

D.2 Aufgaben zur Vektorrechnung

Aufgabe aus dem IQB-Pool – gemeinsame Aufgabenpools der Länder

Die Position einer Bohrplattform im Meer kann in einem kartesischen Koordinatensystem modellhaft durch den Punkt $P\ (8|43{,}2|0)$ dargestellt werden.

Die xy-Ebene beschreibt die Wasseroberfläche. Eine Längeneinheit im Koordinatensystem entspricht einem Kilometer in der Realität.

Die Besatzungen eines Boots und eines Hubschraubers werden gleichzeitig beauftragt, die Besatzung der Plattform in einer Notsituation zu unterstützen. Zum Zeitpunkt des Auftrags wird die Position des Boots durch den Punkt $B\ (13|31{,}2|0)$ dargestellt. Unmittelbar anschließend fährt es geradlinig mit der Geschwindigkeit $52\ \frac{km}{h}$ in Richtung der Plattform.

Die Position des Hubschraubers kann vom Zeitpunkt des Auftrags bis zum Beginn seiner Landephase durch die Gleichung $\vec{x} = \begin{pmatrix} 0{,}8 \\ 0{,}3 \\ 0{,}25 \end{pmatrix} + t \cdot \begin{pmatrix} 48 \\ 286 \\ 0 \end{pmatrix}$ beschrieben werden. Dabei ist t die Zeit in Stunden, die seit dem Auftrag vergangen ist. Die Landephase beginnt im Modell im Punkt $H_L\ (7{,}76|\ 41{,}77|0{,}25)$.

a) Veranschaulichen Sie die Positionen der Plattform, des Boots und des Hubschraubers zum Zeitpunkt des Auftrags – unter Vernachlässigung der Flughöhe des Hubschraubers – in der xy-Ebene.

b) Begründen Sie, dass der Hubschrauber bis zur Landephase parallel zur Wasseroberfläche fliegt, und geben Sie seine Flughöhe über der Wasseroberfläche an.

c) Begründen Sie, dass die Position des Boots vom Zeitpunkt des Auftrags bis zum Erreichen der Plattform durch die Gleichung
$\vec{x} = \begin{pmatrix} 13 \\ 31{,}2 \\ 0 \end{pmatrix} + t \cdot \begin{pmatrix} -20 \\ 48 \\ 0 \end{pmatrix}$ beschrieben wird, wobei t die seit dem Auftrag vergangene Zeit in Stunden ist.

d) Ermitteln Sie, wie viel Zeit vom Zeitpunkt des Auftrags an vergeht, bis das Boot die Plattform erreicht.

e) Betrachtet wird die Funktion e mit
$e(t) = \left| \begin{pmatrix} 0{,}8 \\ 0{,}3 \\ 0{,}25 \end{pmatrix} - \begin{pmatrix} 13 \\ 31{,}2 \\ 0 \end{pmatrix} + t \cdot \left(\begin{pmatrix} 48 \\ 286 \\ 0 \end{pmatrix} - \begin{pmatrix} -20 \\ 48 \\ 0 \end{pmatrix} \right) \right|$ und $0 < t < 0{,}145$.
Bestimmen sie denjenigen Wert von t, für den e seinen kleinsten Wert annimmt, und beschreiben Sie die Bedeutung dieses Werts im Sachzusammenhang.

f) Der Hubschrauber bewegt sich während seiner Landephase mit verringerter Geschwindigkeit geradlinig auf die horizontale Landefläche der Plattform zu, die im Modell durch den Punkt $L\ (8|43{,}2|0{,}06)$ dargestellt wird. Bestimmen Sie die Größe des Neigungswinkels der Flugbahn während der Landephase gegenüber der Horizontalen.

g) Bestimmen Sie eine Gleichung der Ebene in Koordinatenform, in der sich der Hubschrauber vom Auftrag bis zur Landung im Modell bewegt.

D.3 Aufgaben zur Wahrscheinlichkeitsrechnung

Aufgabe aus dem IQB-Pool – gemeinsame Aufgabenpools der Länder

Von allen Jugendlichen eines Landes im Alter von 14 bis 25 Jahren sind 49,20 % weiblich. 47,10 % der Jugendlichen erledigen ihre Finanzangelegenheiten regelmäßig mittels Smartphone oder Tablet. Der Anteil der Jugendlichen, die weiblich sind und ihre Finanzangelegenheiten regelmäßig mittels Smartphone oder Tablet erledigen, beträgt 19,68 %.

a) Stellen Sie den beschriebenen Sachzusammenhang in einer vollständig ausgefüllten Vierfeldertafel dar.

b) Bestimmen Sie die Wahrscheinlichkeit dafür, dass eine unter den Jugendlichen zufällig ausgewählte Person entweder männlich ist oder ihre Finanzangelegenheiten regelmäßig mittels Smartphone oder Tablet erledigt.

c) Weisen Sie nach, dass die Wahrscheinlichkeit dafür, dass eine unter den weiblichen Jugendlichen zufällig ausgewählte Person ihre Finanzangelegenheiten regelmäßig mittels Smartphone oder Tablet erledigt, 40 % beträgt.

Es werden 50 weibliche Jugendliche zufällig ausgewählt.

d) Bestimmen Sie jeweils die Wahrscheinlichkeit folgender Ereignisse:

A: „Die Hälfte der ausgewählten weiblichen Jugendlichen erledigt Finanzangelegenheiten regelmäßig mittels Smartphone oder Tablet“.

B: „Mehr als die Hälfte der ausgewählten weiblichen Jugendlichen erledigen Finanzangelegenheiten regelmäßig mittels Smartphone oder Tablet“.

Aus einer Gruppe von zehn Jugendlichen nutzen für Finanzangelegenheiten vier Personen nur Smartphones und sechs nur Tablets. Aus dieser Gruppe werden drei Jugendliche zufällig ausgewählt.

e) Begründen Sie, dass die Binomialverteilung für Überlegungen zur Anzahl der ausgewählten Personen, die für Finanzangelegenheiten nur Smartphones nutzen, nicht geeignet ist.

f) Bestimmen Sie die Wahrscheinlichkeit dafür, dass genau zwei der drei ausgewählten Personen für Finanzangelegenheiten nur Smartphones nutzen.

E Index | Stichwortverzeichnis

P

Q

R

S

T

V

W

Z